企業與員工都該懂的顧客行為心理學

溫亞凡 著

與奧客過招

破解難纏顧客的心理與應對術

・掌握行銷思維的本質，讓情緒對抗變成關係資產・
精準拆解顧客奇葩行為，用心理槓桿轉化投訴為忠誠！

目錄

序言　　　　　　　　　　　　　　　　　　　　　　　　　　005

第一章　奧客心理的本質與深層動機　　　　　　　　　　　　009

第二章　奧客行為的心理分類與辨識策略　　　　　　　　　　041

第三章　文化心理與奧客現象的國際對照　　　　　　　　　　069

第四章　溝通與衝突：破解奧客的心理對話術　　　　　　　　095

第五章　情緒管理與心理干預：服務前線的抗奧術　　　　　　121

第六章　品牌信任的防禦：企業如何抵禦奧客衝擊　　　　　　147

第七章　消費心理學的轉化力：從投訴到擁護　　　　　　　　173

第八章　行銷心理學的奧客預防與應對　　　　　　　　　　　197

第九章　前線人員的心理韌性與企業支持　　　　　　　　　　217

第十章　法律與道德的防線：奧客行為的界限劃設　　　　　　241

第十一章　讓投訴變成掌聲：品牌心理修復與顧客轉化　　269

第十二章　顧客心理的企業文化轉型學：從應付到共創　　289

附錄　　315

序言

在現代服務業的戰場上，顧客不再只是單純的消費者，他們是權利意識高漲的參與者，也是企業品牌形象的塑造者。然而，當顧客的權利意識過度膨脹，甚至扭曲為支配、羞辱與威脅服務者的行為時，服務第一線的從業人員與品牌，便不得不面對另一類顧客——奧客（Difficult Customers）。

奧客的存在，不僅是服務業的日常挑戰，更是心理學、社會學、法律與品牌管理交織的複雜課題。為什麼某些顧客容易情緒失控、過度投訴甚至進行人格攻擊？為什麼品牌在強調顧客至上的同時，卻頻頻陷入奧客行為帶來的公關危機與員工倦怠？這些現象背後，絕非單純的服務品質問題，而是深層的心理機制、文化因素與組織制度的綜合反映。

本書正是從心理學的視野切入，透過理論、實證與實務策略，全面解構奧客行為的生成、演變與應對。作為心理學教授與企業顧問，我在長期的研究與企業實務輔導中，觀察到奧客行為不再是個案，而是服務經濟中不可忽視的風險指標。更令人擔憂的是，若企業與從業人員缺乏科學的辨識工具與心理應對能力，不僅品牌聲譽難以維護，員工的心理健康與職場安全亦將受到長遠衝擊。

在書中，我們從奧客的心理本質談起，解析不同類型奧客的性格特質、行為模式與背後的社會心理背景。透過文化心理學的跨國比較，讓讀者理解東方面子文化、權力距離感與西方個人主義社會對奧客行為的差異性影響。我們也首次將品牌防禦策略系統化，結合心理量表、客群分類指標與品牌信任測量模型，協助企業在顧客關係管理中，建立風險預防、辨識與介入的完整體系。

序言

此外，針對企業與服務人員的需求，本書特別設計了企業版的奧客評估表格與辨識工具，並以法律心理學與倫理心理學的視角，剖析企業如何在保障顧客權利的同時，合理保護員工的尊嚴與安全。舉凡黑名單制度、差異化補償標準、法律教育介入、員工心理支持機制，皆在書中給予具體操作指引。

不可忽視的是，奧客行為與品牌信任之間存在著微妙的連鎖效應。當企業缺乏透明、即時與誠意的應對，原本可以透過有效溝通化解的顧客不滿，便會演變成激烈的品牌對立，甚至引爆社群輿論風暴。這也提醒企業，顧客教育與品牌心理契約的建構，必須是日常經營的重要一環，唯有讓顧客理解權利與義務的邊界，才能從源頭抑制奧客行為的蔓延。

從心理學到法律，從行銷到管理，這本書融合了多學科的智慧與實務經驗，並非僅是理論的堆砌，而是為第一線服務人員、企業決策者與品牌經營者提供一套可操作、可評估、可優化的行動方案。書中的每一個心理模型、量表設計、策略工具，都是從無數企業實戰案例中淬鍊而成，目的是讓奧客風險的管理，從過去的被動防禦，進化為主動預防與智慧應對。

我始終相信，品牌的韌性，不僅來自於產品力與市場力，更源於面對風險時的心理彈性與制度防線。面對奧客，我們不該只以敵對或退讓的視角看待，而應透過科學的理解與制度的建構，將原本看似破壞性的顧客行為，轉化為企業品牌韌性的試金石。

期盼本書能為服務業者帶來新的視野與啟發，讓更多企業與從業人員，在面對挑戰與壓力時，擁有更從容與專業的心理裝備與策略應對。更希望透過這本書的傳播，讓社會大眾對「顧客不一定永遠是對的」有更深一層的反思與共識，為建立更健康的服務關係與商業文化，邁出重要一步。

心理學不是解決一切的萬靈丹,但它絕對是我們在理解與應對複雜人性時,最值得信賴的思維工具。願這本書成為你在服務戰場上的心理兵法,助你不僅辨識風險,更能化解風險,最終守護品牌、員工與顧客之間最珍貴的信任連結。

序言

第一章
奧客心理的本質與深層動機

第一節　奧客的心理輪廓與行為特徵

自我中心：人類行為的起點

人類心理運作的起點，始終圍繞著「自我」。從心理學的基礎來看，自我中心並非貶義，而是每個人心理防衛與生存機制的自然表現。威廉·詹姆斯（William James）在《心理學原理》中便提到，自我是每個人對世界的感知起點，人類所有的感知、記憶、判斷，皆以「我」為中心來建構。這種對自我的高度關注，讓人時刻以自身利益與感受為優先考量。

因此，當人們扮演「顧客」角色時，這種自我中心的傾向被放大，因為社會普遍賦予顧客「對價交換」的優勢與主導權。當顧客支付金錢換取商品或服務的同時，心中自然產生一種「我值得被尊重」的權利感，若此預期未被滿足，便會觸發一連串情緒與行為反應。奧客行為的心理基礎，正是這種被放大的自我中心在特定場域中無限延伸的結果。

權力感的投射與補償

在權力感缺失或受挫的情境下，部分個體傾向於在服務場域尋求心理補償。心理學中的「權力補償理論」指出，當人們在工作、家庭、社會關係中無法取得足夠的掌控感時，便可能在其他場合透過操控他人來恢復對自我價值的認同。消費場域恰好提供了這樣的投射舞臺：顧客在此不僅是「購買者」，更是可以「指揮」、「挑剔」、「批評」的角色。

這樣的心理投射，常與投射作用密切相關。當個體無法處理內心的不安或失控感，便傾向於將其轉嫁至外在對象，服務人員就成了最直接的承接者。顧客對服務人員的苛求、挑釁，實際上是將內在權力感不足的焦慮外顯，透過操控別人來維繫內心的秩序與安全感。

社會比較與自尊防衛

里昂・費斯廷格（Leon Festinger）的社會比較理論指出，人們透過與他人的比較來評估自我價值。當消費者發現自己所獲待遇不如預期，或者認為別的顧客獲得了更好的服務，就會啟動自尊防衛機制。這時候，抱怨、投訴甚至無理取鬧，成為一種防禦性行為，目的是修補自我在社會比較中受損的自尊感。

此外，亞伯特・班度拉（Albert Bandura）所提出的自我效能理論也提供了解釋。當顧客在其他生活領域感到無能或無力時，會更傾向在消費場域透過支配他人來證明自己的影響力與存在價值。這種權力感的再建構，雖短暫，卻對自我效能的感知具有直接補強效果。

認知扭曲與自我合理化

亞倫・貝克（Aaron Beck）所開創的認知行為理論中提及，負向自動思考與認知扭曲是導致情緒與行為偏差的關鍵。奧客經常陷入「災難化思考」、「選擇性抽取」等認知陷阱，將某個微小的不便無限放大，進而形成對企業或服務人員的全面性否定。

例如：一杯咖啡稍微冷了一點，便可能被解讀為「你們就是不重視客人」，這種以偏概全的思考模式，使得本應以理性對話解決的問題，被情緒化解讀並以攻擊性行為呈現。更甚者，基本歸因錯誤讓奧客習慣性地將責任歸咎於服務方的態度與品格，而非考慮情境因素或自身期望的過高。

群體文化的強化作用

文化背景是奧客行為形成的重要土壤。在華人社會，尤以臺灣為例，「花錢就是老大」的文化深植人心。這種文化默許「花錢就是老大」

的價值觀，讓消費者在潛意識裡相信，付費購買不僅是交易，更是一種階級上的優越。這種優越感一旦未被充分回應，便轉為行動上的壓迫與挑戰。

此現象與「消費特權感」密切相關，即消費者將金錢支出視為換取特權的籌碼。心理學家皮耶‧布赫迪厄（Pierre Bourdieu）的文化資本理論也指出，社會階層的差異會透過消費習慣與態度展現，奧客行為某種程度上正是對於文化資本不足的補償性展示，透過挑釁與控制來彌補內心的社會地位焦慮。

自戀型與脆弱型人格的心理樣貌

人格特質亦是決定奧客行為的重要因素。自戀型人格者（Narcissistic Personality）對自我價值的認定高度依賴外界的肯定，一旦感受不到應有的「特別對待」，便易於採取激烈手段表達不滿。這類顧客在心理結構上存在著對「被尊重」的過度需求，因此稍有不慎便會激起極端反應。

脆弱型人格則以高度敏感、缺乏自信為特徵，雖然外表強勢，內心卻極度脆弱。這類型奧客透過外在的攻擊性行為，掩飾內心的不安與焦慮，其實質是對於被忽視或輕視的極端恐懼。

情緒調節與行為爆發

情緒調節失能是奧客行為的重要成因之一。心理學家詹姆斯‧格羅斯（James Gross）提出的情緒調節理論指出，當個體無法有效辨識與處理自己的情緒時，容易透過衝動性行為釋放壓力。對奧客而言，情緒的瞬間爆發，往往是長期積壓壓力與負面情緒的出口，而消費場域提供了「低風險的發洩空間」。

綜合觀點

奧客行為並非單純的個人品格缺陷,而是自我中心、權力補償、社會比較、認知扭曲、文化強化與人格特質交織的心理產物。唯有從心理學的多維視角出發,才能精準理解奧客的內在運作邏輯,進而設計出既能保障服務人員權益,又能妥善應對挑戰的策略與機制。如此,不僅能降低服務衝突的發生,更能在企業文化與社會氛圍上,逐步瓦解奧客行為的心理根基。

第一章　奧客心理的本質與深層動機

第二節　奧客心理的發展歷程與演變脈絡

從交換心理到權利意識的養成

奧客心理的產生並非一蹴可幾，它的形成與社會結構、經濟制度以及文化教育的變遷密不可分。最初，消費行為是基於物物交換與滿足基本需求，消費者與商家之間並未出現明顯的權利不對等。然而隨著資本主義的興起與市場經濟的深化，消費不再只是物資交換，而是一種社會符號與權力的展示。

19世紀末至20世紀初，隨著廣告與大眾消費文化的興起，消費者逐漸被賦予「上帝」的地位，這種文化氛圍潛移默化地種下了消費者權利無上、甚至壓倒商家的觀念。心理學家司馬賀（Herbert Simon）所言的「有限理性」也因此被進一步壓縮，消費決策不再是單純的利益衡量，而是情緒與權力的展演。

市場競爭與服務至上帶來的副作用

「顧客至上」的行銷理念雖然提升了服務水準，但也無意中助長了消費者權力的膨脹。當企業不斷以「顧客永遠是對的」作為口號時，消費者內心的權利感被無限擴張，導致部份人將「顧客」與「主宰」劃上等號。

這種權力失衡引發了「服務期待螺旋」，顧客對服務標準的期望不斷提高，一旦企業稍有不周，即視為對自身尊嚴的挑戰。心理學及傳播學理論應用的「期望違背理論」（Expectancy Violation Theory）指出，當人們的期待被打破時，情緒反應將呈現非線性爆發，這正是奧客行為的情緒背景。

媒體與網路社群的放大效應

進入 21 世紀，數位科技與社群媒體的普及進一步改變了奧客心理的表現方式。過去，消費者若不滿，最多只是在親友間抱怨；而今，一則網路負評、一篇社群文章，足以在幾小時內擴散成輿論風暴。這種「公審文化」不僅放大了奧客的影響力，也改變了他們的心理動力：不再只是尋求補償或道歉，更追求群體認同與社會影響力。

網路匿名性亦助長了「去個人化效應」（Deindividuation），在虛擬世界中，個體更容易表現出平日不敢展露的攻擊性與操控欲。這種心理狀態使得奧客不再只是現實世界的角色，更在數位場域中展開另一種人格面貌。

經濟壓力與社會焦慮的心理投射

在全球化與經濟不穩的背景下，民眾面臨工作壓力、物價上漲與生活不安，心理上累積了大量焦慮與無力感。這些無法在原本的生活場域中釋放的壓力，便容易在「消費」這個被允許表達不滿的合法場域爆發。消費場域因此成了現代人的「情緒垃圾桶」，透過對服務人員的指責、對制度的挑戰，轉移對社會結構的不滿。

這種心理轉移與佛洛伊德所提出的「移情作用」相符，個體將無法處理的情緒投射到看似無害或容易掌控的對象上。消費服務人員因為在關係中處於權力弱勢，成為情緒攻擊的理想出口。

世代差異與消費心態的演進

奧客心理的發展，也存在顯著的世代差異。戰後嬰兒潮世代重視金錢的價值與使用的正當性，對服務較為寬容；但 X、Y、Z 世代則因成長

於物質豐富與資訊快速的環境，對於「立即滿足」有更高期待。心理學中的「延遲滿足能力」逐代下降，使得年輕世代在面對服務不滿時，更難壓抑即刻發洩的衝動。

此外，教育制度與家庭教育的改變，也導致新世代的「自我中心」養成更加明顯。在「孩子最大」、「一切以孩子為主」的教養理念下，部分人成長過程中缺乏挫折教育與情緒調節能力，進而在消費場域呈現出高度敏感與低容忍的行為模式。

全球化背景下的文化交織

隨著全球化推進，東西方文化的互相滲透也影響了奧客心理的全球演變。西方的「個人主義」與東方的「集體主義」在消費文化中融合，形成了一種既要個人被重視，又要求群體共識支持的不穩定心理結構。這種文化矛盾讓部分消費者在表達不滿時，既強調個人權益，亦希望獲得社群的道德認同。

心理學的未來觀察與奧客進化

從心理學的觀點來看，未來的奧客心理將更加複合與動態。人工智慧與虛擬助理的普及，改變了人與服務間的互動邏輯，人機交互的新型態服務，將進一步挑戰顧客的耐性與同理心。當消費者逐漸習慣與無情感的 AI 對話，對於真人服務的期待與要求反而水漲船高，這種心理反差將可能孕育出新一代「科技時代的奧客」。

此外，隨著心理健康議題逐漸被重視，企業若能導入心理學訓練與顧客心理教育，將有機會從根源減緩奧客行為的發生。未來的顧客服務，不僅是解決問題的技術競賽，更是深諳心理戰術的專業修為。

綜合觀點

奧客心理並非單一時代的產物，而是隨著社會結構、文化價值與心理機制演變而成的複合體。從交換心理到權力欲的膨脹，從媒體放大到數位轉型，奧客心理的演進映照著整個社會心理的流變。理解其歷史脈絡與心理演變，不僅有助於企業設計更具前瞻性的服務系統，也讓我們能從根本上重新思考：在滿足需求的同時，如何引導消費者回歸理性與共感，形塑更為健康的消費文化。

第三節　認知扭曲、自我中心與情緒失衡的心理結構

認知扭曲的心理基礎與行為展現

認知扭曲（Cognitive Distortion）指的是個體在感知與解釋現實時，產生系統性且偏差的思考模式。這種心理現象源自於認知心理學的理論，亞倫‧貝克（Aaron Beck）在憂鬱症的研究中發現，人們傾向於用過於消極、極端或片面的方式解釋事件。對於奧客而言，認知扭曲的存在，使他們在消費場域中，將微小的不便無限放大，並投射成對自身尊嚴或權利的全面性冒犯。

常見的認知扭曲包括「災難化思考」、「非黑即白的二分法」、「過度概括」、「貼標籤」等。當顧客一旦認為「這間店不尊重我」，便會將所有的服務瑕疵歸咎於企業的態度，而非單一偶發錯誤。這樣的思維路徑，使得奧客的情緒反應總是超越事件本身的嚴重性，成為一種對自我防衛的全面性反擊。

自我中心的結構與心理作用

自我中心主義（Egocentrism）並非單指自私，而是心理發展過程中對「自我」的過度聚焦。從皮亞傑（Jean Piaget）的兒童認知發展理論便可看出，自我中心是每個人從幼兒期便存在的特質，只是在成長過程中透過社會化與教育逐步調整。然而，當成人在權力、情緒或環境等因素影響下，無法有效調節這種自我關注，就會以自我中心的方式解讀他人與世界。

奧客的自我中心，表現為「唯我獨尊」、「他人須配合我的需求」、「我的不滿就是合理的」。這種心理機制讓奧客無法換位思考，只以自己的情

緒與觀點作為判斷標準，將他人視為達成自我需求的工具而非平等互動的對象。

情緒管理失衡的心理動因

情緒管理失衡是奧客行為的另一核心因素。詹姆斯・格羅斯（James Gross）的情緒調節理論指出，當個體無法辨識與調節情緒時，衝動性行為便成為情緒釋放的出口。這類人面對挫折或不滿時，傾向以爆發、攻擊或貶低的方式來處理情緒，而非尋求理性解決。

情緒調節的失敗，與自我覺察能力不足、挫折忍受度低、以及負向情緒積壓有密切關聯。奧客多半在生活中缺乏適當的情緒抒發管道，消費場域成為他們發洩壓力的合法場所。這種行為不僅是對服務的不滿，更是對生活壓力與情緒失衡的側面反映。

社會文化的影響：權利文化的扭曲

文化環境深刻影響著認知與情緒的發展。在強調「顧客至上」的社會氛圍中，消費者權利被極度強調，卻缺乏相對應的責任教育。這種權利與責任不對等的文化，使部分顧客形成「我花錢就是對」的扭曲觀念。

這種文化催生的心理模式，使得奧客無法接受任何形式的「服務不完美」，將任何瑕疵解讀為對自我價值的挑戰與侮辱。結果便是，消費者將原本的交易關係誤認為「權力的施予與服從」，進一步加深了自我中心的偏執。

自戀型人格與脆弱的優越感

自戀型人格結構中的一大特徵是對自我價值的過度依賴外部認可。這類人格的人對「特別待遇」有極高期待，一旦服務不符預期，便會視為

對自尊的踐踏，進而展開激烈反應。

脆弱的優越感則是自戀型人格的另一面向，表面上對自己極具信心，實則內心深處不安與脆弱。一旦感覺自身價值被否定或忽視，便以攻擊性行為來補償內在的自卑與焦慮。這樣的人格特質，讓奧客在面對消費不滿時，表現出不成比例的憤怒與操控欲。

心理補償與消費者失落感

心理補償理論指出，當個體在某一領域感到匱乏或失落時，會在其他場域尋求補償。消費場域成為心理補償的溫床，特別是對於那些在職場、家庭或社會中權力感不足、被壓抑或否定的人，他們透過消費行為來重建自我效能感與存在感。

當服務未達預期時，這種補償需求未被滿足，反而加劇了原本的失落與不安，使顧客透過更為強勢的手段要求滿足，甚至不惜以毀損性言行來維護僅存的自尊。這也解釋了為何部分奧客行為看似無理取鬧，實則是深層心理缺口的代償性行動。

綜合觀點

認知扭曲、自我中心、情緒失衡、自戀人格與心理補償，構成了奧客心理的複合結構。這些心理特質彼此交織，使得奧客不僅在行為上難以理性溝通，更在心理結構上形成對權利與自我價值的極端捍衛。

唯有透過對這些心理機制的深入理解，才能在服務設計、員工培訓與消費文化教育上，建立有效的預防與應對策略，真正從根本減少奧客行為的滋生土壤。

第四節　情緒管理失衡與奧客性格的連結

情緒管理的心理機制與功能

情緒管理是心理學中指個體調節、控制及表達情緒的能力，旨在維護心理穩定與社會適應性。詹姆斯·格羅斯（James Gross）提出的情緒調節過程模型指出，情緒管理涉及情緒的生成、評估、調節與表達四個環節。當個體能有效管理情緒時，便能將負面情緒轉化為理性思維與適當行為，維持人際互動的和諧。

在消費情境中，顧客面對服務品質不符或商品瑕疵時，若具備良好的情緒管理能力，便能以理性方式溝通，尋求解決。然而，當情緒管理失衡時，顧客的情緒反應往往遠超事件本身的嚴重性，甚至演變為攻擊性行為或過度誇張的投訴，進而形成奧客行為的雛型。

情緒失衡的心理根源

情緒管理失衡的根源多與個體的情緒認知、情緒覺察以及情緒容忍度有關。部分人對自身情緒缺乏敏銳度，無法正確認知憤怒、失望、焦慮等情緒的成因，進而將所有不滿情緒一股腦地傾瀉於眼前的服務人員或企業。

此外，低挫折容忍度也是造成情緒管理失衡的重要因素。這類個體在遭遇挫折或不如意時，情緒容忍的時間與強度極低，極易以爆發或失控的方式進行反應。心理學家亞伯特·艾利斯（Albert Ellis）在理性情緒行為治療（REBT）中提到，低挫折容忍度源於不合理信念，如「事情必須如我所願」或「別人必須要尊重我」，一旦現實與信念不符，便導致強烈的情緒反應。

第一章　奧客心理的本質與深層動機

奧客性格中的情緒調節缺陷

奧客性格的心理結構中，普遍存在情緒調節的缺陷。他們往往無法延後情緒的反應時間，缺乏對情緒的反思與處理機制，導致情緒一旦生成便迅速外化為行為。這種行為常伴隨語言暴力、肢體動作甚至威脅性言論，形成對服務人員的心理壓迫。

此外，奧客性格中的情緒調節缺陷，還表現為「情緒外部歸因」，即將情緒的責任推卸給他人或環境。他們認為「我會生氣是因為你服務不好」，而非「我需要調整對此情境的情緒反應」，這種外控型人格特質，使得奧客缺乏對情緒的自我覺察與控制，容易進入情緒失控的惡性循環。

情緒商數 EQ 的不足與奧客行為

情緒商數（Emotional Intelligence）是指個體辨識、理解、管理自己與他人情緒的能力。丹尼爾‧高曼（Daniel Goleman）指出，情緒商數高的人能在壓力情境中自我調節，維持理性與合作。相反地，情緒商數低下的個體，容易因為無法正確評估情緒與情境的關聯，導致反應過度或錯置情緒對象。

奧客通常缺乏同理心與自我控制能力，當服務或商品不符期待時，他們無法透過內在調節來消解憤怒或失望，反而選擇外部化情緒，將矛頭指向企業或第一線服務人員。這種情緒智力的不足，使奧客在處理消費不滿時，難以形成健康的溝通與協商路徑。

態度形成與情緒反應模式

態度心理學指出，個體對某種經驗或對象的態度會影響其情緒反應模式。當顧客本身對服務產業存有偏見，如「服務人員就是應該低聲下

氣」，這種偏見會預設消費場域中的權力不對等。一旦服務不符預期，便會強化原有的負面態度，引發更劇烈的情緒爆發。

態度形成的偏誤與早期經驗有關，例如：曾經歷過某品牌的不良服務，顧客在之後的消費中便易於用挑剔與不信任的態度對待，這種預設立場使得情緒管理更為困難，因為情緒的觸發門檻被大幅降低。

心理防衛機制與情緒行為的聯動

心理防衛機制如投射、否認、反向形成等，常見於奧客行為中。當個體無法接受自己在其他場域的失敗與挫折，便透過投射將這些情緒歸咎於服務人員。例如：「我今天工作不順心，但一定是你讓我更煩躁」，這種防衛機制掩蓋了真實的情緒來源，卻加劇了與他人的衝突。

這些心理防衛機制與情緒管理失衡形成聯動效應，讓奧客在消費場域中形成一種「習慣性反應」，一旦遇到不順心的消費經驗，便啟動這套已固化的情緒與行為模式。

綜合觀點

情緒管理的失衡是奧客性格形成與強化的核心。唯有透過教育與心理素養的培養，提升消費者的情緒商數與自我覺察能力，才能從根本減緩奧客行為的發生。企業在應對策略上，亦應融入心理輔導與情緒緩解的技巧，不僅是解決問題，更是引導顧客學習更健康的情緒管理方式。如此，才能在服務場域建立雙向尊重的文化基礎，真正化解奧客心理的深層困局。

第五節　社會文化如何形塑奧客心態

消費文化與奧客心理的相互作用

奧客心態的養成，並非單一心理因素所致，而是深受社會文化長期薰陶的結果。消費文化的演變，逐步將「顧客」從一個交易對象推升為擁有絕對權利的「主宰者」。在這樣的文化背景下，消費行為不再只是滿足需求的過程，而是權力展演、社會地位的象徵，甚至是心理補償的工具。

過去幾十年間，全球行銷語言不斷強化「顧客至上」、「顧客是上帝」等觀念，這些話語經年累月地植入消費者潛意識，使得部分人錯將「顧客」的社會角色與「權力無限」劃上等號。當這種權利意識無限擴張，便成為奧客心理的溫床，進一步扭曲了消費場域中的人際平等關係。

社會階層變遷與心理投射

社會結構的變遷也對奧客心態產生了重要影響。當代社會中，階層流動的困難與經濟壓力普遍存在，使得多數人在職場、家庭或公共生活中感到受壓抑、被忽視。消費場域因此成為彌補這種社會挫敗感的場所，顧客透過對服務人員的控制與挑剔，尋求心理平衡與尊嚴修復。

這種心理補償現象，根植於心理學中的「投射理論」，即將個體在某些場域中的無力感、挫敗感，投射到另一個相對無反擊能力的對象上。服務人員、客服專員便成為了這些情緒的直接承載者，奧客心態也在這樣的社會結構壓力下被不斷強化與再生產。

媒體文化與權利幻覺的擴張

媒體在形塑消費者心態的過程中扮演了推波助瀾的角色。大量的商業廣告、偶像劇情節、社群網路的行銷話術,均在潛移默化中塑造了一種「花錢即有特權」的文化想像。當顧客被灌輸「你的要求值得被滿足」、「你不滿就要大聲說」等訊息,便逐漸內化為一種權利幻覺,將「投訴」、「施壓」視為正當甚至必要的消費者權益行使。

此外,社群媒體上的輿論場也加劇了這種心態的蔓延。消費者可以透過貼文、評價、留言等方式,瞬間放大個人聲音。這種「集體公審」的社群文化,強化了奧客的話語權,使其行為獲得更多社會注目,進一步鞏固其權力感與控制欲。

教育制度與家庭教養的文化影響

教育與家庭是社會化的重要途徑,對於情緒管理、社會責任感、同理心的培養具關鍵作用。然而,當代教育體制與家庭教養普遍存在著權利意識過度強化、責任教育薄弱的現象。從小被灌輸「你是最特別的」、「別人應該配合你」的孩子,成長後進入社會,極可能將這種中心主義帶入消費行為之中。

再者,家庭教育中若缺乏挫折教育與情緒調節的訓練,便容易養成低容忍、低共感的性格特質。這樣的性格進入消費場域,自然將一切不滿、挫折感迅速外化為指責與挑戰,奧客行為於焉形成。

消費主義與身分認同的錯置

消費主義的興起,使得個體的社會身分與價值逐漸與消費能力連結。當社會普遍以「你擁有什麼」、「你花得起什麼」來界定個人地位,消

費行為便承載了超越經濟交換的社會意義。奧客心態中的優越感與掌控欲，正是這種身分認同錯置的心理投影。

在此背景下，消費不再只是滿足需求，更是證明自身存在與地位的途徑。一旦這種途徑遭遇阻礙，例如服務不符期待，個體便感到不僅是商品不滿意，而是「我被貶低了」、「我不被尊重了」，情緒因此迅速升溫，催生奧客行為的極端表現。

心理學觀點下的文化再造

心理學研究提醒我們，文化是形塑個體行為模式的重要環境因素。若要緩解奧客行為的不斷發生，必須從文化再造著手。首先，教育體制需強化責任與權利並重的觀念，培養情緒智力與共感能力。其次，媒體與企業在行銷策略上，應減少過度誇張的權利導向話術，轉而強調消費與服務的平等互動與尊重。

企業內部也應設計相應的顧客教育機制，讓顧客理解服務的本質是雙向互動，而非單方面的服從。此外，透過心理輔導、員工情緒支持系統，強化服務人員的心理韌性與應對技巧，亦是對抗文化層次奧客心態的重要策略。

綜合觀點

社會文化對奧客心態的形塑，乃是一場漫長且深層的心理與制度工程。從消費文化、教育體系、媒體話語到家庭教養，無不在不知不覺中滋養了「消費即權力」的錯誤信念。唯有透過全面性的文化反思與教育改革，方能從源頭瓦解奧客心理的結構性根基，重建消費場域的理性、平等與尊重。

第六節　自戀型人格與脆弱的優越感

自戀型人格的心理特徵

自戀型人格在心理學上指的是個體對自身價值與重要性的高度評價，並對外界的認可與尊敬抱有強烈依賴。這類人格傾向於將自我形象視為不可侵犯的核心，並藉由外在的肯定來維繫脆弱的自尊。佛洛伊德早在 20 世紀初便提出，人類自戀的本能源於自我保護與價值維持的需求，當這種需求被過度強化，便形成病態的自戀型人格。

自戀型人格的顧客在消費場域中，對於服務的期待遠超常人。他們不僅要被視為重要人物，更希望透過細節上的特殊待遇來確認自我價值。任何一點瑕疵或忽視，都可能被解讀為對自我尊嚴的挑戰，從而引發誇大且激烈的反應。

優越感的脆弱性與心理矛盾

自戀型人格的內心，其實存在著高度脆弱的優越感。雖然他們表現出自信與強勢，實則內心深處對自我價值充滿不安。心理學家海因茲・科胡特 (Heinz Kohut) 提出的自體心理學理論認為，自戀者的自體結構脆弱，一旦外部的認可不足，便易引發情緒失控與行為失衡。

這種心理結構呈現出一種「外剛內弱」的矛盾，表面強勢的優越感，其實是對內在不安全感的補償。一旦在消費過程中未被充分滿足，他們便會迅速將失落感轉化為憤怒或指責，以保護自身脆弱的自尊心。

認知扭曲與情緒反應模式

自戀型人格者常見的認知扭曲包括「災難化」、「個人化」與「貼標籤」。在消費場域中，這種扭曲表現為將服務上的小疏失誇大為「你們不尊重我」、「你們對我有偏見」。這類認知模式，使他們無法客觀評估事件本質，而是以自我為中心過濾所有資訊，進一步激化情緒反應。

情緒智力的缺陷使得自戀型人格難以調節憤怒與失落，他們對於挫折的容忍度極低，任何不順遂都可能被放大為對自我價值的全盤否定。這種情緒反應模式，正是奧客行為中常見的「不成比例反應」的心理根源。

優越感與權力欲的連結

自戀型人格的優越感，往往與權力欲緊密相連。他們不僅追求被尊重，更渴望控制與主導他人，以證明自身的地位與價值。在消費場域中，這種權力欲表現為對服務人員的指使、挑剔甚至羞辱，藉此建立心理上的優勢地位。

心理學家大衛‧麥克利蘭（David McClelland）提出的「三需求理論」指出，權力欲強的人，對於能支配他人、影響環境的機會有高度需求。自戀型人格的顧客正是這種權力動機的典型，他們透過消費行為來實踐對權力的掌控與象徵。

社會文化對自戀型人格的滋養

現代消費文化與社群媒體的普及，為自戀型人格的擴張提供了肥沃土壤。當社會不斷強調「你值得更好的」、「每個人都是獨一無二的」，自戀型人格的心理需求被不斷肯定與強化。特別是在社群媒體上，透過按

讚、分享、評論的機制，個體的自我價值被外在回饋所定義，進一步加深對外部認可的依賴。

這樣的文化環境，使得消費者在現實消費場域中，帶著「我應該被特殊對待」的心態，稍有不符便感到受辱，進而以奧客行為表現對自我尊嚴的維護。

心理補償與防衛性攻擊

自戀型人格的脆弱優越感，促使他們在面對挫折時採取心理補償的策略。當內在的不安與失落浮現，便透過外在的強勢與攻擊來防衛自我。這種補償性行為，常見於奧客對服務人員的無理要求與情緒勒索，目的並非純粹的問題解決，而是維繫自我優越感的心理防線。

防衛性攻擊是一種對自我價值受到威脅時的本能反應。對自戀型人格而言，攻擊行為不僅是情緒宣洩，更是一種身分確認的儀式。透過壓制他人，來確證自身在社會互動中的主導地位，這種行為模式在消費場域尤為突出。

培養情緒智力與重塑自我價值

解構自戀型人格與奧客行為的連結，關鍵在於提升個體的情緒智力與自我價值感的內在穩定。透過情緒教育、同理心訓練與自我覺察的養成，能幫助這類人格特質的人理解情緒的來源，學會在不滿意時以理性方式表達需求，而非以攻擊性行為維護自尊。

同時，社會文化亦需淡化過度強調「個人特殊性」的話語，轉而強調個體在群體中的責任與共好價值。企業與服務業也可透過設計顧客教育與溝通策略，引導顧客以平等、尊重的心態參與消費互動，逐步修正自戀型人格在消費場域中的不當展現。

第一章　奧客心理的本質與深層動機

> **綜合觀點**
>
> 了解自戀型人格的脆弱優越感，讓服務設計能有的放矢。企業可透過專業培訓強化服務人員的心理應對技巧，設計情緒緩解的應對話術與服務流程，減少因誤解或疏忽激起的自戀性防衛反應。最終，唯有從心理學、教育與文化三重層次同步調整，才能有效化解奧客行為中自戀人格所帶來的衝突與困擾。

第七節　心理補償理論與消費者失落感

心理補償理論的核心觀點

心理補償理論是心理學中用以解釋個體如何因應內在缺失或不足的理論之一。當人們在某些心理需求未被滿足、能力表現受挫或身分地位低落時，會在其他領域尋求心理平衡，以修補內在的不完整感。這種補償行為可能展現在職場、學業、家庭，也可能投射於消費行為與社會互動之中。

心理學家阿爾弗雷德·阿德勒（Alfred Adler）是該理論的重要建立基礎的人之一。他指出，個體在早期成長階段若曾經歷過被忽視、被貶抑的經驗，便可能透過其他形式的表現來抵銷自卑感。這樣的補償機制在成人後持續影響，尤其在面對權力、控制感、認同感等心理需求未被滿足時，會自動轉向其他替代性行為來維護心理平衡。

消費場域作為補償舞臺

消費行為對現代人而言，早已不只是滿足物質需求的過程，而是一種心理投射與情緒補償的場域。當個體在職場上感到無力、在家庭關係中遭遇挫折，或在社會地位上無法獲得應有的尊重時，消費場域便成為其重建自我認同與價值感的管道。

消費中的補償心理，表現為對「優質服務」、「尊貴體驗」的高度渴求，甚至不惜以「我是顧客我最大」的心態來彌補現實中的權力缺席。奧客行為正是在這樣的心理補償作用下成形，他們透過挑剔、指責、要求非分待遇，來證明自身仍掌握著某種控制權與話語權。

失落感的心理結構

消費者的失落感來源多樣，可能來自自我實現的失敗、社會地位的邊緣化、情感需求的缺口，甚至是存在焦慮的累積。這些內在心理壓力無法在本源解決時，便轉向替代性滿足。消費過程中一旦遭遇不如意，便勾動了內在積壓的失落與挫敗，形成過激反應。

心理學上的「替代性滿足」理論指出，當核心需求未被滿足時，個體會轉向其他領域尋求替代性獎賞或認同。例如：在職場中缺乏影響力的個體，可能在消費場域中展現過度控制與支配欲，以彌補職場的無力感。這樣的心理結構，讓奧客行為具有了「不對等的投射」，服務人員淪為其失落感的替代性承受者。

補償性消費的社會化養成

社會文化也在無形中強化了補償性消費的心理模式。廣告、行銷話術與社群媒體時時告訴大眾：「你值得更好的」、「犒賞自己是應得的」，這些訊息鼓勵個體將消費視為情緒安慰與價值證明。當消費被賦予療癒與補償的功能，奧客心態便在「我應該被滿足」的潛在意識中逐漸固化。

此外，階級固化與社會流動困難亦放大了補償心理。當個體難以透過教育、職場晉升改變社會地位時，消費行為成為最快捷的「地位表現」。透過品牌、服務等外在符號的消費，彌補身分上的失落，當服務未達預期，便演變為情緒性攻擊，維護的是內心深處對自我價值的脆弱認同。

奧客行為中的補償性攻擊

奧客行為的深層心理，即是補償性攻擊的展現。當顧客透過消費期待恢復心理平衡卻失敗時，他們會將失望轉化為對外部的攻擊，以試圖

重新掌控局勢。這種攻擊非為問題解決，而是情緒發洩，並藉由「讓對方難堪」來重建自我優勢。

補償性攻擊亦可視為防衛機制的一種，透過行為的過激來掩蓋內心的不安與無力。奧客的這種反應，不僅是對服務的否定，更是對自我失落感的一種極端性掙扎。

心理調適與企業應對

要減少補償性攻擊的奧客行為，需從心理調適與社會文化雙管齊下。首先，提升個體的情緒覺察與挫折容忍度，是避免將失落感外化為攻擊的關鍵。透過心理諮商、情緒教育與壓力管理的普及，有助於減緩補償性消費的心理需求。

企業則可透過優化顧客溝通與服務流程，設計出能及時辨識顧客心理狀態的應對機制，透過預防性服務與情緒緩解技巧，減少補償性攻擊的觸發。服務人員的心理素養與應變能力亦需加強，讓他們在面對情緒失衡的顧客時，能以穩定且同理的方式處理衝突。

綜合觀點

最根本的解方，仍在於重構社會的消費價值觀。將消費回歸需求與享受本質，淡化其作為權力與地位的象徵，才能從文化層次矯正補償性消費的心理動力。透過教育與媒體宣導，強化理性消費、情緒自律與共感交流，才能逐步削弱奧客心態滋生的社會心理土壤。

第八節　服務關係的雙向心理場：員工與奧客的潛在互動機制

奧客心理的成因，長期以來多聚焦於顧客本身的性格缺陷、認知扭曲或文化習性，然而，在心理學的視野下，顧客與服務人員的互動本質上是一種動態的雙向心理場。當服務人員的心理狀態、情緒管理與行為模式未被重視與調適時，便成為奧客行為誘發的催化劑。從認知心理學、情緒勞動、權力距離理論與社會互動模型等視角切入，我們將看見奧客行為並非孤立存在，而是服務關係中彼此影響、層層疊加的心理效應產物。

鏡映效應：情緒共振下的奧客引爆點

鏡像效應（mirroring effect）是指人在溝通互動中，無意識地模仿對方的情緒、態度或行為模式。神經科學發現，鏡像神經元是促成人際間情緒同步的基礎，當服務人員表面保持禮貌，但內心壓力沉重、情緒低落或敵意隱藏，這種情緒訊號會在無形中被顧客感知。尤其是情緒敏感度較高、自我中心或支配性強的顧客，極易因捕捉到服務者的負向情緒而轉為攻擊性行為。此一現象可視為「心理場汙染」，當服務人員的情緒汙染場域，奧客行為的頻率與強度也隨之升高。

例如：一位在百貨公司擔任專櫃小姐的員工，因為公司內部管理不當、績效壓力大，導致她長期處於焦慮與不安狀態。某次接待一位客人時，儘管她聲音客氣，但眉宇間的不耐煩及冷淡的眼神被客人察覺，進而認定服務人員態度敷衍，於是開始挑剔商品、提高聲量施壓，最終演變成嚴重客訴。這種情境正是鏡映效應所帶來的心理共振與惡性循環。

情緒勞動與服務耗竭：奧客誘因的心理源頭

情緒勞動（emotional labor）概念由社會學者霍希爾德（Hochschild）於 1983 年提出，指工作者需依照組織規範，在職場上管理與表現特定情緒，如微笑、耐心與親切。當服務人員的內在真實情緒與外顯情緒不一致時，長期下來會產生「情緒耗竭」（emotional exhaustion），導致心理彈性下降、易怒、焦慮，甚至對顧客出現敵意投射。

當服務人員因情緒耗竭無法維持高品質的情緒管理，奧客便容易在互動過程中發現服務者的冷淡、防衛或敷衍，視為自己應激烈維權的訊號。情緒勞動壓力愈大，第一線人員愈可能無意識地傳遞負面情緒訊息，這些訊息被心理敏感的顧客放大解讀，奧客行為隨之發動。

權力距離與社會比較：支配型奧客的心理滋養

社會學家吉爾特‧霍夫斯塔德（Geert Hofstede）提出的「權力距離理論」指出，社會對於權力不平等的容忍度，會影響人們在互動中的支配與服從行為。服務情境中，當顧客察覺員工處於低權力位置，尤其缺乏自信、言語閃爍或肢體收縮時，某些具支配傾向的顧客（如自戀型人格或權力取向者），會產生「優越感回饋」的心理機制，進而主動壓迫或貶低服務人員，從而強化其自我價值。

例如：在臺灣某家高級飯店，曾有客人以高聲斥責櫃臺人員處理速度太慢，並要求見主管。該員工因為新進尚未熟練，加上主管缺乏培訓，使其回應顯得懦弱與不安，反讓客人覺得對方「欠教訓」，於是語氣愈發輕蔑，最終對員工人格侮辱。這正是權力距離感與社會比較作用的實例。

共感式溝通與心理安全感的建立

若企業能在組織文化中建構「心理安全感」，讓員工在服務中無需過度情緒壓抑，並賦予員工適度的應對權力與情緒表達空間，便可有效降低員工的情緒耗竭，並提升其在應對奧客時的心理韌性。

此外，共感式溝通強調服務人員在互動中能主動覺察顧客的情緒脈絡，並以適當的言語與非語言訊號回應，讓顧客感受到被理解與尊重。此法不僅可安撫潛在的奧客情緒，亦能強化員工自我效能感，打破奧客與員工的權力不對等。

例如日本 ANA 全日空航空的員工訓練中，即強調共感式對話，讓員工學會用心觀察顧客微表情與語調，並適時反映理解，如：「我聽得出來您對這次安排感到不太滿意，讓我再確認細節協助您解決。」這樣的話術有效中斷顧客的情緒堆疊，防堵奧客行為的進一步惡化。

企業制度與員工心理資本的強化

企業在應對奧客的戰略中，需將「員工心理資本」視為組織競爭力之一，透過持續的心理支持、情緒管理培訓與彈性應對權限設計，讓員工具備高度的自我效能、希望感、樂觀與韌性。美國 Zappos 企業文化中即有「員工自治權」，允許員工對待惡劣顧客有更大的自主判斷權，不僅提升員工尊嚴感，也讓奧客知道企業站在員工後方，自然降低對員工施壓的動機。

綜合觀點

奧客行為從來不只是顧客單方面的心理問題，而是服務場域中，員工與顧客在權力、情緒與認知交織下的互動產物。唯有從雙向心理場的視野出發，企業才能從制度設計、員工訓練與組織文化中全面降低奧客行為的產生機率，並讓第一線員工在自信與尊嚴中，開展專業而穩定的服務關係。

第九節　案例剖析：全聯福利中心超市現場的奧客心理

全聯福利中心的品牌定位與顧客特性

全聯福利中心，作為臺灣規模最大的連鎖超市之一，其品牌以「省錢」、「平價」為核心價值，吸引了大量以中低收入族群為主的消費者。這類消費族群對價格敏感，消費行為偏好「高 CP 值」與「促銷折扣」。然而，這樣的市場定位也無形中為奧客心態的滋長提供了土壤，尤其在商品品質與服務的高度壓力下，顧客的情緒期待與實際體驗之間常存在落差。

奧客心理的現場表現

在全聯的日常營運中，經常可見顧客針對商品包裝破損、效期接近、甚至是價格標籤不清等細節，進行誇張化的挑剔。這些行為背後，不僅僅是對商品瑕疵的合理關注，更反映了顧客深層的心理補償需求。部分消費者藉由「找碴」與「討價還價」的過程，展現對自身地位的維護與心理優勢的建立。

這類行為也常伴隨著對店員的語言壓迫，如「你們是不是故意賣快過期的東西」、「這種服務態度叫人怎麼來買？」等指責話術。這些言語除了針對具體商品或服務外，更隱含著對自己「消費者尊嚴」的過度維護，將原本應理性協商的問題轉為情緒性發洩。

第九節　案例剖析：全聯福利中心超市現場的奧客心理

奧客心理的文化與社會背景

臺灣的消費文化中，「小錢也要計較」的心理根深蒂固。社會長期存在的「撿便宜即是聰明」的文化，使得消費者在平價超市中，對於價格與服務的敏感度異常提升。全聯的「福利中心」形象進一步強化了顧客「我是來省錢但要被好好對待」的心理，讓消費過程不僅是交易，更是對「公平」、「誠信」的道德檢視。

此外，這類顧客多處於社會經濟結構的中下層，職場影響力與社會地位有限，情緒出口稀缺。消費場域於是成為權力感的補償舞臺，透過與店員的對抗或指導，獲取心理上的掌控感與尊嚴感。

心理學視角的解析

從心理補償理論出發，這類奧客行為反映的是對社會挫折、經濟壓力與存在焦慮的集體心理補償。每一次針對服務細節的挑戰，實則是一場自我價值修補的行為儀式。行為經濟學中的「錨定效應」也在此發揮作用，當消費者習慣於低價與促銷，對於正常價格或標準服務的接受度便大幅下降，任何未達「心理預期值」的商品或服務都容易被視為「不公」或「欺騙」。

再者，集體記憶中的「顧客至上」文化深深影響著顧客的自我定位。當服務未能滿足這種潛在期待，便易於激發顧客將個人不滿上升為對企業的道德指控與價值挑戰。

企業應對與改善之道

全聯福利中心在面對這類奧客心理時，若僅以標準化 SOP 應對，往往無法化解顧客的情緒與認知落差。有效的應對策略應結合心理學的溝

通技巧與情緒緩解機制，如強化前線員工的情緒智力培訓，讓服務人員能在不卑不亢的態度下，同理顧客的不滿，並運用正向話術引導顧客理性溝通。

此外，透過清楚的商品標示、效期管理與價格透明度的提升，也能有效降低顧客的不安與挑剔的動機。企業亦可設計顧客教育機制，讓消費者了解平價與高品質服務間的現實平衡，降低因不切實際期待導致的心理落差。

綜合觀點

全聯福利中心的超市現場，不僅是商品交易的場域，更是社會結構、文化心理與個體情緒交織的心理戰場。理解這樣的心理機制與文化脈絡，有助於企業設計更具彈性與同理的服務策略，最終在保障員工尊嚴的同時，也引導顧客回歸理性消費，形塑健康的市場互動文化。

第二章
奧客行為的心理分類與辨識策略

第一節　爆發型奧客的情緒失控機制

在奧客行為的眾多類型中，爆發型奧客無疑是最具破壞力與社會可見度的一群。他們以情緒失控、言語暴力、肢體威脅等極端方式，對服務人員施加壓力與羞辱。這種行為的背後，隱藏著複雜的情緒調節缺陷、心理脆弱與防衛機制。

情緒失控的心理生理基礎

情緒失控，從生理層面看，與腦內邊緣系統特別是杏仁核的過度反應密切相關。杏仁核是情緒反應的啟動器，當個體面對被視為威脅或挑戰的情境時，杏仁核迅速活化，觸發戰鬥或逃跑反應。對爆發型奧客而言，任何消費過程中的不順遂，都可能被杏仁核誤判為威脅自尊的信號，進而引發過激反應。

此外，前額葉皮質的抑制功能若發展不足或受損，也會降低個體對衝動與情緒的控制力。前額葉皮質負責情緒調節與理性判斷，當其功能薄弱時，情緒就像未加控的洪水，席捲理智的防線，使得爆發型奧客無法在憤怒湧現時適時踩剎車。

認知評估偏誤與情緒放大

心理學中的認知評估理論指出，個體對情境的解讀決定了情緒反應的強度。爆發型奧客常見的認知評估偏誤包括：

- 敵意歸因偏誤：將服務瑕疵解讀為故意刁難或不尊重。
- 災難化思維：誇大問題的嚴重性，將小錯誤視為重大羞辱。
- 自我中心過濾：忽略客觀事實，僅從自身情緒出發解讀整個事件。

這些偏誤導致情緒反應在內心迅速累積，情緒張力一旦超過心理承受閾值，便以爆發性行為宣洩。

挫折容忍度低下的性格結構

爆發型奧客多具有低挫折容忍度，這是亞伯特·艾利斯在理性情緒行為治療（REBT）中提出的重要概念。此類性格的人對於任何形式的挫折、阻礙或等待都極度不耐，稍有不順就視為對自我權利的侵犯。

這種性格結構源於成長過程中缺乏挫折教育與情緒調節訓練，使得個體無法在情緒上為現實的瑕疵留有空間，一旦現實不符預期，便本能性地以憤怒反應對抗失控感。

心理防衛機制的轉化與外射

爆發型奧客常透過心理防衛機制如投射與反向形成來處理內在的不安。投射使得他們將內在的焦慮與脆弱投向外部對象，指控服務人員「態度惡劣」、「故意刁難」等，實則反映的是內心對自身價值的懷疑與恐懼。

反向形成則讓他們將內在的無力感轉化為外在的過度控制與攻擊性，藉此掩飾內心的不安。這種機制讓爆發型奧客的行為看似霸道強勢，實則是心理脆弱的防衛性遮掩。

文化因素的助燃效果

在強調「顧客至上」的文化氛圍中，消費者權利被無限放大，社會潛規則默許了「花錢就是大爺」的心態。這樣的文化環境為爆發型奧客的情緒失控提供了正當性與合理化的社會支持，讓部分人習得「不滿就該大聲說」，甚至以激烈手段博取企業的讓步。

社群媒體的傳播效應亦助長了這類行為的表現與模仿，當負面消費經驗成為吸引關注的工具，爆發型奧客便在潛意識中將情緒性抗議視為一種有效的影響力策略。

服務現場的應對挑戰

面對爆發型奧客，服務人員常陷入高壓與情緒耗竭。單純的制式應對或過度退讓，反而可能強化其行為的強度與頻率。有效的應對策略應包括：

- 情緒去激化話術：透過低語速、非對抗性語言降低對方情緒張力。
- 確認需求與界限設置：在理解顧客不滿的同時，清楚告知服務的界限與企業規範。
- 心理轉移技巧：適時將顧客情緒焦點從憤怒轉向問題解決的實質路徑。

重構消費文化的必要性

要從根源解決爆發型奧客的情緒失控問題，社會文化的重構尤為重要。透過公民教育強化情緒管理與理性溝通的價值，同時企業也應教育消費者「服務是雙向的尊重」，方能降低這類行為的社會容忍度與發生頻率。

綜合觀點

爆發型奧客的情緒失控，不僅是個體心理缺陷的表現，更是文化、制度與社會氛圍交織的產物。唯有從心理機制、文化背景與制度設計多管齊下，才能真正降低這類行為對服務業現場與社會互動的傷害。

第二節　操控型奧客的心理操弄與權力技術

操控型奧客是服務現場中最具心機與策略性的一類。他們不像爆發型奧客那樣情緒化與直觀性強烈，而是以精密的心理操弄與權力技術，達到支配服務人員、擴大自身利益的目的。此類奧客的心理運作模式複雜，往往伴隨深層的控制欲與操控傾向，並具備極強的情緒管理與語言控制能力。

操控型奧客的心理特徵

操控型奧客具有高度的社會操作性，擅長利用言語、情緒、非語言訊號等手段影響他人判斷與行為。他們的心理運作基礎，根植於「權力動機」，即對控制他人、主導情境的強烈渴望。

這類奧客在消費場域中，善於判讀服務人員的性格與反應，迅速找到對方的心理弱點，並透過批評、冷嘲熱諷、甚至假裝親善來進行心理操控。他們的目標不僅是爭取補償，更是要在互動中取得心理優勢與主導權。

認知與語言操弄技巧

操控型奧客常使用「雙重束縛」話術，即在陳述需求的同時，設下雙重否定的語言陷阱，讓服務人員無論如何回應都處於劣勢。例如：「你們應該不會像別家一樣這麼沒誠意吧？」這樣的話語在不直接指責的同時，隱含對企業與服務的貶抑，使服務人員產生防衛與焦慮，進而喪失應對主動權。

此外，他們擅長使用「權威借力」話術，如「我認識你們主管」、「我有法律背景」，透過假借權威或知識優勢，對服務人員形成心理壓力，逼迫對方就範或讓步。

情緒操控與非語言威脅

操控型奧客不僅在語言上精於算計,情緒操控同樣是其武器之一。他們常透過故意的情緒冷處理、長時間沉默、凝視等非語言威脅,讓服務人員感受到無形壓力,進而陷入「若不滿足對方就會出事」的心理焦慮。

這種情緒操控的本質,來自心理學上的「博弈心理」,即個體在互動中不斷測試對方的底線,並透過隱性懲罰與獎賞來塑造對方的行為預期。服務人員若缺乏對這類操控的敏感度,往往在不知不覺中被奧客牽制,甚至出現過度服務、違規補償等行為。

權力技術的心理機制

操控型奧客的權力技術,源於對心理學、社交技巧的直覺掌握。他們深諳「得寸進尺」的策略,初期可能僅提出合理要求,當企業讓步後便不斷提高標準,直到權利最大化。他們也善於利用「假裝理性」來掩飾操控意圖,將自身行為包裝為「理性消費者的合理要求」,掩蓋背後的權力運作。

防衛與應對策略

面對操控型奧客,服務人員與企業需建立清晰的心理防線與應對機制:

- 強化心理素養與辨識能力:教育前線員工辨識操控話術與行為模式,避免被牽制。
- 設置服務規範與堅持原則:對於顧客的非理性要求,堅守企業制度與規範,避免過度讓步。

- 使用界限設定話術：例如「我們的制度是為了保護每位顧客的權益，請您理解我們的處理原則」。
- 團隊支援與三級協調：當前線員工察覺操控行為時，能迅速由主管或專責人員接手，防止第一線壓力過大而失守。

心理教育與文化引導

從更深層的社會文化角度，應透過心理教育與媒體宣導，讓消費者理解「合理消費權利」與「情緒勒索」的界線。透過公共教育強化理性溝通、同理心與尊重，才能從文化土壤上減少操控型奧客的滋生。

綜合觀點

操控型奧客的存在，提醒我們消費場域已不僅是商品與服務的交易，更是心理權力的角力場。唯有提升心理辨識力與組織的應對韌性，才能保障服務品質與員工尊嚴，同時引導消費文化朝向健康、對等的互動模式邁進。

第三節　冷暴力型：靜默中的情緒脅迫

冷暴力型奧客是服務現場中最不易被察覺，卻深具心理壓迫感的一種存在。他們不以爆發性的言語或情緒為手段，而是透過沉默、忽視、冷漠、諷刺與消極抵制等方式，對服務人員施加長時間的精神壓力，進而達到情緒脅迫的效果。

冷暴力型奧客的心理動機

這類奧客內心往往蘊藏著強烈的控制欲與優越感，並認為不需透過明顯的衝突就能讓對方感受到壓力，才是一種高級且隱性的支配。冷暴力型奧客在心態上將「沉默是權力的象徵」內化為行為準則，透過不合作、不回應來懲罰對方，讓服務人員陷入「不知道自己錯在哪裡」的心理困境。

非語言威脅的心理結構

心理學中的非語言溝通理論指出，人在溝通過程中，語言僅占傳遞訊息的7％，而聲音的語調與非語言行為如眼神、表情、肢體動作則占了93％。冷暴力型奧客正是運用非語言的冷漠與排斥，構成對服務人員的隱性威脅。

例如：故意不與服務人員對視、回應簡短而冷淡，甚至直接忽視對方的存在，這些行為讓服務人員產生無形壓力與自我懷疑，進一步陷入心理焦慮與緊張狀態。此種心理壓力的累積，對服務人員的情緒勞動消耗極大，甚至可能引發工作倦怠與創傷反應。

冷暴力的權力運作

冷暴力型奧客的權力運作，建立在「不明說但讓你知道我不滿」的心理控制策略。這種方式比起明面上的言語攻擊，更具心理滲透性。因為服務人員無法獲得具體的指責或要求，無從修正，也無從防衛，長期下來容易造成自我效能感的削弱，甚至對顧客產生恐懼感。

此外，這類奧客常透過「反覆不滿足」的策略，即使問題已被解決，依然以冷淡或無反應的態度表現，持續讓對方感受到自己的無能與不足，藉此強化自己的心理優勢。

社會文化因素的助長

在某些文化中，「沉默是力量」的觀念被視為高情商的表現，甚至被包裝為「有涵養」、「有教養」。然而，當這種文化價值被運用於服務場域，便可能演變為冷暴力的溫床。社會對顧客「不滿也不說」的包容，進一步強化了這種情緒脅迫的正當性，讓服務人員長期處於被壓迫卻無法反擊的劣勢位置。

應對冷暴力型奧客的策略

針對冷暴力型奧客，服務人員與企業應採取以下策略：

- 主動溝通引導：透過開放式問題引導顧客表達需求，如「請問有需要我協助的地方嗎？」
- 情緒確認與鏡映技巧：對顧客的情緒狀態進行適當的描述與確認，如「您對這樣的處理似乎不太滿意，是否方便分享一下？」
- 設定服務界限：明確告知顧客若不反映問題，服務人員也難以協助改善，以減少無限的心理消耗。

■ 團隊支持系統：建立內部支持系統，讓服務人員在遭遇冷暴力時有心理諮商或同儕支持的管道，降低心理壓力的長期累積。

企業層級的文化塑造

企業應該在顧客服務文化中強化「尊重與坦誠溝通」的價值觀，讓顧客了解，服務是一種雙向互動，唯有透過有效的資訊交流，才能達成真正的滿意。透過顧客教育與公開宣導，逐步引導消費者理解冷暴力並非高級溝通，而是一種對人性尊嚴的漠視與壓迫。

綜合觀點

冷暴力型奧客的存在，提醒我們服務場域中的情緒對抗，並不總以喧囂的形式出現，更多時候是在靜默之中積壓著深重的心理對抗。唯有提升服務人員的情緒辨識力與應對技巧，同時在企業文化與社會教育中正視「冷暴力」的傷害性，才能真正化解這種無聲的壓迫，還給服務雙方一個更為健康與平等的互動環境。

第四節　被害妄想型的心理防衛

被害妄想型奧客是在消費互動中極易與企業或服務人員產生對立的類型。他們的核心特徵是將中性或善意的行為解讀為敵意與迫害，並基於此種錯誤認知展開情緒反擊或不信任態度。這種心理模式源於深層的不安全感與防衛機制，並在服務場域中構成難以破解的溝通障礙。

被害妄想的心理機制

心理學上，被害妄想是一種認知偏誤，個體對周遭環境的解讀傾向於懷疑、誇大威脅，並將偶發事件視為對自我的針對與迫害。這樣的心理傾向在精神病理中常見於偏執型人格障礙或妄想型思維，但在一般人的輕度表現，則成為被害妄想型奧客的行為基礎。

他們的內心世界充滿「他人圖謀不軌」、「企業必有隱情」等信念，任何價格變動、服務延誤、制度規範，都可能被視為企業在「設計陷阱」、「欺騙顧客」。這類信念使其對所有服務舉措皆抱持敵意預設，難以建立信任關係。

防衛性投射與自我保護

被害妄想型奧客的防衛機制以投射為主，即將自身的焦慮、不安或挫敗感投射到他人或企業身上，進而指控對方「有意刁難」、「別有用心」。透過這種投射，他們得以維護自我價值感，將內在的弱勢與不安轉化為對外的防衛與攻擊。

這類防衛性投射不僅讓溝通變得困難，更容易在消費場域引發連鎖反應：一旦企業或服務人員試圖澄清，反而被解讀為「掩飾事實」、「轉移焦點」，加深彼此的不信任與敵對情緒。

第二章　奧客行為的心理分類與辨識策略

認知偏誤的深層根源

被害妄想型奧客的認知偏誤，源於早期人生經驗中對安全感的缺乏。童年遭受過欺騙、忽視或權力壓迫的人，容易在成年後發展出對他人動機的過度懷疑。當這樣的心理模式進入消費場域，便呈現出過敏、挑剔與疑神疑鬼的特徵。

這種根深蒂固的偏誤，使得被害妄想型奧客在互動中幾乎無法接受中立或善意的解釋，對所有服務行為持有「預設惡意」的態度，這也造成了企業與顧客之間的溝通極限。

社會文化對被害心理的助長

在資訊爆炸與陰謀論盛行的時代，社會文化也無形中助長了被害心理的蔓延。媒體報導經常聚焦於企業弊案、服務瑕疵，社群媒體則快速擴散各類「企業黑幕」的消息，強化了消費者對企業動機的懷疑。

當這種文化氛圍被內化，部分消費者對企業的信任基礎愈加薄弱，任何服務上的微小瑕疵，都可能被放大為惡意行為的證據，形成「企業無好人」的偏執性信念，這讓被害妄想型奧客的行為更為固化與理直氣壯。

應對策略與心理緩解

企業與服務人員面對被害妄想型奧客，需採取以下策略：

- 正面透明溝通：主動揭示服務規範、流程與制度背後的邏輯，減少顧客對「被設計」的誤解。
- 同理心回應：不直接否定對方的感受，而是表達理解其擔憂，再以客觀事實協助釐清。

- 設置權威第三方：如引入公正機制或第三方說明，提升說服力與公信力，降低對方對企業動機的懷疑。
- 情緒隔離與保護機制：對於無法達成共識的情境，服務人員需適時透過主管介入或轉交專責單位，以避免情緒消耗與對立升級。

從文化教育重建信任

要從根源改善被害妄想型奧客的心態，社會文化層面應加強消費者教育，提升對企業營運邏輯與商業倫理的認識，並透過媒體與教育強化「理性消費」、「資訊辨識力」的能力。如此，方能從制度與文化層次減緩消費者的過度懷疑傾向，重建消費場域中的信任與理解。

綜合觀點

被害妄想型奧客的存在，突顯了消費信任基礎的脆弱與防衛心理的普遍性。企業若能在透明度、誠信度與心理溝通力上不斷提升，不僅能化解這類顧客的敵意，亦能為服務互動建立更穩固的信任橋梁，最終達成消費者與企業之間的良性循環。

第五節　假專業型與知識型奧客的認知偏誤

假專業型與知識型奧客是服務現場中特別讓人感到「難以駕馭」的一群。他們憑藉對某一領域的片面知識，或自以為對行業、產品、服務標準有所掌握，對服務人員進行專業挑戰與技術性質疑。他們的核心心理在於透過知識展演建立優越感，並以認知偏誤支撐自我正當性。

假專業型奧客的心理成因

假專業型奧客往往具備一定的知識背景，或曾經接觸相關領域，卻因知識深度不足或過度自信，形成「半瓶水響叮噹」的行為模式。他們透過專業術語的堆砌或自信的論調，塑造自己在消費場域的話語權，並將服務人員置於專業能力的檢驗之下。

這種行為的心理根源來自「知識權力」的渴求。心理學家傅柯（Michel Foucault）指出，知識與權力之間有著密不可分的關係。假專業型奧客正是透過知識話語的展演，取得與企業或服務人員的權力競逐優勢，維繫自身的控制感與主導性。

知識型奧客的認知偏誤

知識型奧客雖然具備一定的知識基礎，但往往因為認知局限而產生偏誤，尤其表現在以下幾個方面：

- 過度概化：將某個案例或知識點視為普遍適用的標準，忽略服務現場的多變性。
- 錯誤類比：以他行、他店、他品牌的標準來要求現場服務，不顧企業間的差異性。

- 知識優越錯覺：認為自己知道的即是標準，排斥服務人員的專業建議與制度說明。

這些偏誤讓知識型奧客在溝通中缺乏彈性，習慣以「我懂」、「你懂不懂」作為對話基調，進而壓制服務人員的專業判斷。

社會文化的推波助瀾

現代社會對「專業」、「知識」的高度崇拜，使得假專業型與知識型奧客的行為獲得社會潛在支持。自媒體與網路論壇的普及，讓大量「似是而非」的知識流布於大眾視野，消費者只需經由短暫的資訊攝取，便自信滿滿地將片段知識轉化為批判與挑戰的工具。

再加上社群文化中「挑錯即贏」的心理，讓部分顧客習慣以挑戰與質疑來證明自身的優越感。這樣的文化氛圍強化了知識型奧客的話語攻擊性，並為其行為提供了社會認可的正當性。

應對假專業與知識型奧客的策略

企業與服務人員在面對這類奧客時，需採取以下策略：

- 堅實的專業知識：服務人員需具備超越一般標準的專業素養，才能在對話中穩住專業權威，避免被誤導或挑戰。
- 中性而堅定的溝通：避免正面衝突，以「根據我們的制度／產品設計，這樣的配置是最合適的」等話術回應，以專業為基礎的堅持立場。
- 引入第三方證明：當顧客的知識質疑影響服務進程時，可適時引入公正機制或官方說明文件，提升溝通的權威性。
- 強化顧客教育：透過透明的產品資訊、**FAQ** 或現場說明，降低顧客基於不完全知識產生的誤解。

文化層次的修正與提升

在文化層次上,企業應透過品牌教育與公共傳播,強調「知識尊重而非壓迫」的理念,讓消費者理解,專業是建立在深度與經驗上的,不是一知半解即可指導江山。

此外,推動「理性質疑」的文化,讓顧客懂得在尊重服務專業的前提下提出疑問,透過對話而非對抗來達成理解與信任。

> **綜合觀點**
>
> 假專業型與知識型奧客的存在,是資訊時代知識焦慮與權力欲結合的產物。企業與服務人員唯有不斷提升自身的專業素養與心理韌性,並透過教育與文化引導,才能在知識權力的角力場中,守住專業的尊嚴與服務的本質,最終打造一個理性、平等、互信的消費環境。

第六節
權威操控型與虛榮展示型的心理根源

在奧客行為的心理分類中，權威操控型與虛榮展示型奧客展現出強烈的權力操控欲與社會地位炫耀的傾向。這類顧客透過壓迫、命令、炫耀或羞辱服務人員來彰顯自身的社會優勢，並以此獲得心理上的滿足感。若不理解這背後的心理根源，服務人員與企業極易陷入被動與壓制，甚至影響服務品質與員工士氣。

權威操控型奧客的心理結構

權威操控型奧客的核心心理動機在於「權力支配」，即透過控制他人來確認自我價值。這種人格傾向與支配型人格特質（Dominant Personality）相關，表現為強勢、愛指揮、講究階級尊卑，並藉由對服務人員的直接命令與施壓來維持優越感。

此類顧客多數在現實生活中擁有一定的社會地位或資源，或在某些場合失落了權力，因而轉向消費場域尋求心理補償。他們透過消費建立一種「我花錢我最大」的權力秩序，並期待服務人員的絕對服從，以維繫自我在社會階梯中的想像位置。

虛榮展示型奧客的心理需求

虛榮展示型奧客則以「社會炫耀」為主要動力，他們在消費過程中透過選擇高價商品、特別服務以及公開比較等方式，強調自身的財力、品味與地位。這種心理需求源於自我認同的缺口，透過消費符號來補償內心的不安與不足。

心理學家皮耶・布赫迪厄（Pierre Bourdieu）在《區判》（*La Distinction*）一書中指出，消費行為常是社會階層再現的過程，虛榮展示型奧客正是透過消費行為維持並展示其社會資本，以防止身分的不穩與邊緣化感受。他們將服務人員視為「地位的見證者」，透過對服務的吹毛求疵或貶抑，達到對外證明自身社會優越的目的。

權力與虛榮的文化脈絡

權威操控與虛榮的心理，在特定文化脈絡下更容易滋長。階級分明、講究人情世故的社會中，消費場域常成為社會地位的延伸舞臺。消費不再單純是物質獲取，而是權力與地位的表演。

再者，社群媒體的炫耀文化亦助長了虛榮展示的心理趨勢。當「打卡」、「分享」、「開箱」成為消費常態，奧客行為也隨之演變為一種「在服務人員面前炫耀」的隱性競技場，彷彿服務品質的高低正代表著自己的「消費含金量」。

企業與服務人員的應對策略

對於權威操控型與虛榮展示型奧客，服務人員須保持專業與心理距離，避免因對方的權力施壓而產生自我矮化。應對策略包括：

- 專業堅持：以制度與專業標準為依據，避免因顧客的權力施壓而違背原則。
- 穩定的語氣與姿態：使用穩重且不卑不亢的語氣回應，維護服務人員的尊嚴。
- 適度的心理界限設定：當顧客試圖以地位壓制服務人員時，需適度提醒顧客服務範疇與流程，避免服務關係的從屬化。

對企業而言，應建立支持性文化與員工心理韌性的培養，讓服務人員在面對權力型顧客時，擁有堅實的組織後盾與心理調適資源，避免因長期的權力壓迫而導致工作倦怠或心理創傷。

文化層次的轉化與引導

長期而言，社會文化亦需透過教育與傳媒引導，淡化「消費即權力」的錯誤觀念，轉而強調消費行為中的平等與尊重。企業亦可透過品牌形象的塑造，傳遞「服務是尊重的交換」的理念，讓消費文化回歸理性與人性關懷。

綜合觀點

權威操控型與虛榮展示型奧客的心理根源，揭示了權力欲與社會身分焦慮的深層結構。企業與服務人員唯有透過專業應對、心理素養提升與文化教育的多層次努力，才能在這場權力與虛榮的消費劇場中，堅守尊嚴與專業，最終建構出一個公平、尊重與互信的服務環境。

第七節　多重人格與消費場域的角色錯亂

多重人格型奧客並非指臨床上的解離性身分障礙，而是形容那些在消費場域中展現出截然不同於其日常社交或職場角色的顧客。他們在私人生活中可能溫和理性，卻在消費互動時變得挑剔苛刻、情緒多變甚至操控心強烈。這種角色錯亂現象，其背後隱藏著深層的心理機制與社會文化因素。

心理位階轉換與角色適應

心理學中的「社會角色理論」認為，個體在不同社會情境下會依據被賦予的角色期待調整行為與態度。當顧客進入消費場域，隨著「顧客至上」的文化強化，心理位階自然轉為優勢方，這種心理位移使原本平等互動的心態轉為支配與主導。

多重人格型奧客在這種位階轉換下，將消費場域視為少數能掌控全局的舞臺，進而展現與日常迥異的性格面向。例如：平日職場受制於人，消費時便極力展現權威與優越，以補償職場中的壓抑感與無力感。

角色錯亂的認知偏誤

角色錯亂的奧客常存在「情境性認知偏誤」，即在特定場域下過度簡化自我與他人的角色關係。他們將「顧客」等同於「主宰者」，將「服務人員」等同於「從屬者」，這種過度簡化的認知讓他們在消費互動中失去了平等尊重的界限。

這種偏誤源於「角色同化」，個體在特定情境下將社會賦予的角色權力過度內化，進而合理化自身的強勢或不當行為。這不僅影響顧客的行為模式，也讓服務人員難以用日常溝通的邏輯應對。

社會文化的催化作用

臺灣與亞洲多數地區的「顧客至尊觀念」與「消費即特權」的文化氛圍，加劇了多重人格型奧客的角色錯亂。當消費場域被賦予權力展示的功能，顧客便在無形中學會「在這裡，我可以不是平常的我」，從而展現出更極端的性格面向。

此外，社群媒體的消費炫耀與負評文化，也助長了角色錯亂的心理溫床。當消費體驗被賦予社會評價的功能，顧客更易將消費視為塑造他人眼光的場域，進一步強化了在消費場域中的支配欲與操控性。

對企業與服務人員的啟示

面對多重人格型奧客，服務人員需要理解其行為背後的心理位階轉換，而非僅以「性格差異」解釋。具體應對策略包括：

- 心理界限設定：透過明確的服務規範與話術，劃定顧客與服務人員間的互動邊界。
- 情境穩定技術：運用標準化服務流程與一致性應對，降低顧客因情境變動而產生的角色偏差行為。
- 反映性溝通：協助顧客意識到其行為與預期形象的落差，以間接方式讓其回歸理性對話。

重構健康的消費場域文化

企業需在品牌與服務文化中灌輸「雙向尊重」的理念，打破「顧客是唯一權力方」的迷思。透過顧客教育、員工培訓與文化倡議，讓消費場域回歸平等互惠的本質，減緩因角色錯亂導致的心理失衡與互動衝突。

綜合觀點

多重人格型奧客的出現,提醒我們消費行為不僅是經濟活動,更是心理與社會角色的交織。唯有提升服務場域對角色錯亂的辨識與調適能力,並在制度與文化層次重塑健康的互動框架,才能從根本改善這種錯位行為對服務關係的侵蝕。

第八節　文化心理與奧客行為的跨文化心理模型解析

　　奧客行為在不同文化背景下，呈現出多樣而複雜的心理動因與互動模式。透過跨文化心理學的視角，我們能更深入理解文化對奧客行為的深層影響，特別是高語境與低語境文化、面子文化與個人主義對消費者行為與服務互動的形塑。

高語境與低語境文化對奧客行為的影響

　　美國人類學家愛德華‧霍爾（Edward T. Hall）提出的高語境與低語境文化理論，為理解文化溝通差異提供了重要基礎。高語境文化如日本、臺灣與中國，重視言外之意、非語言訊息及群體關係的和諧，顧客在面對不滿時，可能不直接表達，而以隱喻、暗示或冷處理反映情緒。然而，一旦忍耐臨界點被突破，表面和善的顧客可能爆發激烈奧客行為，甚至牽涉社群輿論放大。

　　相對地，低語境文化如美國、德國則偏好直接溝通，顧客不滿多以即時回饋、評論或正式申訴方式表達，奧客行為雖直接，但相對可控，且顧客願意與企業建立「問題解決」的合作關係。

面子文化與奧客行為的潛在動力

　　面子文化深植於亞洲社會，尤其是臺灣、香港與日本，顧客在服務互動中對「被尊重」與「不失體面」的需求極為敏感。若服務人員或制度安排讓顧客覺得「被忽視」、「不被重視」，即便問題本身輕微，亦可能觸發強烈的奧客反撲行為，藉此「討回面子」。

例如：一名顧客在餐廳排隊等待過久而被後來的貴賓插隊，若服務人員未妥善處理，顧客極可能在社群媒體發文批評，並上綜藝節目公開斥責該餐廳，這不單是服務問題，而是顧客透過公開羞辱企業來恢復社會性面子。

個人主義與集體主義下的奧客特質差異

根據霍夫斯塔德（Geert Hofstede）的文化維度理論，個人主義（Individualism）社會，如美國、英國，強調個體權益與自主，顧客意識高漲，奧客行為多聚焦於「自我權利的伸張」，如透過法律途徑、媒體曝光維權，行為雖激烈但有制度脈絡。

反之，集體主義（Collectivism）社會，如日本、韓國與臺灣，則因群體規範與關係倫理深植，顧客較少走法律途徑，偏好透過熟人關係、社群動員形成輿論壓力，企業若不慎處理，容易陷入品牌信任危機。

跨文化心理模型的實務應用

企業若欲降低奧客風險，需理解並應用跨文化心理模型：

(1)高語境社會需強化非語言線索的服務敏感度與預防性關懷，例如透過觀察顧客表情、語調，主動詢問隱藏需求。

(2)面子文化市場須培養「給面子」的服務設計，如在處理客訴時安排高階主管出面，給予顧客尊崇感。

(3)個人主義市場則要建立完善的客訴與補償機制，讓顧客感覺權益受保障，避免其尋求外部媒體或法律途徑。

(4)集體主義社會應注重社群溝通的透明與即時性，避免小事因回應不當擴大為公關危機。

> **綜合觀點**
>
> 文化心理是奧客行為理解與預防的關鍵維度，企業若能掌握不同文化下的心理特質與行為傾向，設計對應的服務策略與應對系統，方能在全球化的服務競爭中，真正化解奧客風險，轉危為機，提升顧客關係的品質與穩定度。

第九節　案例解析：Costco 美國退貨政策中的奧客行為

　　Costco 美國的退貨政策以「無條件退貨」的寬鬆條款聞名全球，這項策略初衷在於建立顧客信任與品牌忠誠。然而，正因為政策過於寬容，部分消費者逐漸發展出利用制度漏洞的奧客行為，展現出各類心理機制交織的特徵，成為全球服務業觀察奧客心理的經典案例。

寬鬆退貨政策的心理影響

　　Costco 的退貨政策允許顧客在無須解釋的情況下隨時退貨，這本意是建立顧客對產品品質的信任，但也讓部分顧客在心理上產生了「反正可以退貨」的權利膨脹感。這種心理結構滋養了消費中的隨意性與責任感缺失，使得退貨行為不再基於合理原因，而是轉為濫用制度的心理習慣。

認知扭曲與制度濫用

　　部分消費者在此政策下產生了認知偏誤，表現為「企業既然設立這樣的退貨制度，就代表他們有能力吸收損失」，因而傾向合理化自身的不當行為。例如：有顧客在大型派對或節慶後退回已使用的電器或食品，甚至將穿過多次的衣物退貨。此類行為反映出道德解離（moral disengagement）的心理機制，亦即個體透過制度的存在或外部正當性，降低對自身不道德行為的內疚感，進而解除自我責備。

奧客心理的多重動機

在 Costco 的退貨案例中,奧客心理呈現多重動機交織:

- 經濟補償心理:透過退貨獲得經濟上的「回本」,減低消費後的金錢焦慮。
- 權力展示:透過挑戰企業底線,展現「我可以操控規則」的權力感。
- 認知偏誤:誤認企業「無限包容」,從而放任自我對規則的解構與重塑。

社會文化的影響

美國社會對個人權利的強調,加上消費主義的長期滲透,使部分顧客將「企業應該滿足顧客所有需求」視為理所當然。這種文化氛圍,讓本應基於信任與尊重的退貨機制,轉為權利濫用的溫床。

同時,社群媒體與網路論壇的經驗分享,亦助長了退貨奧客行為的傳播。當「如何退貨成功」、「怎麼利用退貨省錢」成為社群熱門話題,制度的信任基礎也隨之瓦解,形成一種「制度利用競賽」的社會心理現象。

Costco 的應對與制度調整

面對奧客行為的頻繁發生,Costco 逐步緊縮部分商品的退貨期限,特別是電子產品與高價商品,並針對退貨頻率異常的會員進行監控與限制,透過制度化的控管回應消費者行為的偏差。

此外,Costco 在員工訓練中強調「辨識不當退貨行為」與「維護企業利益與會員權益的平衡」,讓服務人員在面對退貨要求時具備應對的心理素養與制度依據。

第二章　奧客行為的心理分類與辨識策略

心理學的啟示

此案例突顯了「過度寬容的制度」在消費心理中可能引發的道德風險。從心理學角度看，制度若缺乏適度的限制與引導，將使個體在集體行為中產生「規則無限可被利用」的誤判，進而削弱社會契約中的道德約束。

綜合觀點

Costco 美國退貨政策的奧客行為案例，提醒我們在設計消費制度時，應兼顧信任激勵與風險管控的平衡。唯有透過制度設計的彈性調整與顧客心理的行為引導，才能在保障顧客權益的同時，防範制度被濫用的道德風險，最終維繫企業、員工與消費者三方的良性互動。

第三章
文化心理與奧客現象的國際對照

第三章　文化心理與奧客現象的國際對照

第一節　臺灣的顧客特權意識與人情包袱

在臺灣的消費場域中,「顧客特權意識」早已深植人心。這種文化觀念認為「顧客花錢最大」,企業與服務人員應無條件滿足顧客需求,不論合理與否。這樣的特權意識在臺灣的人情文化與社會結構中,形成了一種潛規則,不僅影響服務業的互動模式,也深刻影響顧客的心理期待與行為模式。

顧客特權意識的歷史脈絡

臺灣的顧客特權意識與早期經濟發展、商業競爭與服務業轉型密切相關。在經濟快速起飛的年代,服務業為爭取市場份額,強調「顧客至尊」、「顧客滿意是唯一標準」等行銷語言,逐漸將顧客權利無限上綱。這樣的文化氛圍讓消費者將「消費」與「被尊重」劃上等號,甚至形成「花錢就是買地位」的心理。

人情包袱與服務期望

臺灣社會中的人情包袱也加深了這種特權意識。服務人員往往被要求「態度要好」、「話要甜」、「應對要圓融」,否則便容易被解讀為「服務不周」。在這樣的社會期待下,服務人員即使面對不合理要求或奧客行為,也必須壓抑情緒、委曲求全,以免被投訴或遭到企業懲處。

這種「人情壓力」讓服務場域的權力結構失衡,顧客不僅僅是商品或服務的購買者,更像是可以主宰服務規則的特權階層。顧客與服務人員之間的關係,從交易平等滑向社會階級的不對等。

心理補償與社會階層的投射

顧客特權意識的背後，亦反映了社會階層的心理補償。許多顧客在職場或公共領域中可能地位卑微，消費成為他們展現權力與存在感的唯一場域。在消費過程中，透過要求、挑剔、指使服務人員，彌補現實中的自我價值缺口，這也是一種「消費即支配」的心理投射。

企業制度的縱容與強化

企業為避免顧客流失與負評，往往制定極為偏向顧客的服務政策，如「顧客永遠是對的」、「一通投訴即內部檢討」，這類制度無意間強化了顧客的特權意識。當顧客意識到「只要投訴就能獲得賠償或道歉」，便更容易以投訴或情緒勒索作為達成目的的工具。

社群文化的放大效應

社群媒體的普及使得顧客特權意識獲得新的擴音器。顧客一旦不滿，透過社群平臺發布「消費不快經驗」，即可能引發輿論風暴，企業為求止血常選擇妥協與賠償，進一步讓特權顧客獲得社會認同與行為獎勵。

修正文化的可能路徑

要矯正臺灣顧客特權意識與人情包袱的問題，需從文化教育與企業制度雙向著手。教育層面應透過公民教育強調「消費權益與義務並存」，提升公民對服務業從業者的同理心與尊重。企業則應建立「顧客權利與服務人員尊嚴並重」的制度設計，避免一味遷就顧客而犧牲員工權益。

> **綜合觀點**
>
> 臺灣的顧客特權意識與人情包袱，不僅是消費文化的產物，更是社會結構與心理補償的反映。唯有從文化根本進行修正，並賦予服務人員合理的心理安全與制度保障，才能在消費與服務之間重建平等、理性與尊重的健康關係。

第二節　消費主義與奧客心理的集體潛意識

消費主義自工業革命後逐漸成為全球主流的經濟與文化體系，其核心在於不斷刺激與擴張消費需求，使個體在「買更多、用更多」的邏輯下維繫身分認同與社會地位。在這樣的文化土壤中，奧客心理並非孤立現象，而是消費主義所滋養出的集體潛意識投射，讓消費者在權利、情緒與行為上展現出特定的心理模式。

消費主義的心理操控機制

在當代消費社會，透過廣告、媒體與行銷，消費被塑造成通往「成功」、「尊嚴」、「快樂」的途徑。這樣的文化氛圍讓個體逐漸將自我價值與社會認同寄託於購買與擁有之上，形成一種「我消費，故我在」的心理邏輯，這雖非某一哲學家或心理學家的原始主張，卻深刻描繪了消費主義社會下的心理結構。

在這樣的文化框架中，當消費未能帶來應有的尊重或滿足時，個體便易於產生情緒失衡與權利感被侵蝕的錯覺，進而發展出抱怨、指責、操控的奧客行為。奧客心理於是成為消費主義體制下的產物：當消費行為被視為「應被取悅」的權利過程，任何不順遂都被視為對自我價值的挑戰。

集體潛意識中的權利誤讀

榮格（Carl Jung）所提出的集體潛意識概念，說明了人類共享的一套無意識模式與原型。當消費文化不斷灌輸「顧客至上」、「買單即老大」等訊息時，這些觀念便進入了社會的集體潛意識，讓消費者下意識地認為「我花錢就該被服侍」成為理所當然。

這種潛意識驅動的權利誤讀，讓奧客心理不僅是個人性格問題，而是群體間無形的共識與文化產物。尤其在競爭激烈、服務標準化的市場中，消費者對「特別對待」的渴望更甚，奧客行為便成為爭奪注意與尊重的社會心理表現。

情緒經濟與行為誘導

情緒經濟強調情緒在經濟行為中的價值，企業利用情緒行銷創造「愉悅消費」、「感動體驗」，無形中也將「情緒回饋」與消費行為綁定。當顧客未獲得預期情緒滿足，憤怒、失望等負面情緒便透過抱怨、投訴乃至奧客行為呈現，這是一種被消費主義誘導出的「情緒對價心理」。

社群媒體的集體強化

社群媒體與即時通訊的普及，進一步讓奧客心理的集體潛意識得到強化與擴散。消費者透過評論、分享、負評，不僅是發洩情緒，更在無形中獲得「集體認同」的滿足。當負面經驗被大量傳播時，形成一種「誰聲音大誰有理」的集體意識，加劇了奧客行為的社會支持基礎。

修正消費主義的文化盲點

要修正消費主義下的奧客心理，需從教育、文化與企業制度三方面入手。教育層面應強調「消費是權利也是責任」，提升公民對服務倫理的認知。文化上則需透過媒體與公共論述，重新定義消費行為中的人性尊重與理性互動。企業則可透過情緒管理、顧客教育與服務規範，建立服務雙方的心理界限與互動尊重。

綜合觀點

消費主義所建構的集體潛意識，不僅塑造了奧客心理的普遍性，也讓消費者在不自覺間將「花錢」與「應被取悅」劃上等號。唯有透過對消費文化的深度反思與結構性調整，才能讓消費行為回歸需求滿足與人性交流的本質，真正從集體心理層次改善奧客行為的社會基礎。

第三節　社群媒體與輿論助燃的情緒風暴

隨著社群媒體的興起，消費者的聲音比以往任何時代都來得迅速而強大。這種溝通工具的普及，讓原本單一的消費不滿，能在極短時間內透過分享、留言、轉發擴散為公眾議題，形成一股情緒風暴。這不僅改變了企業與顧客的互動模式，更深刻影響了奧客心理的形成與表現。

社群媒體的放大效應

社群媒體具備資訊快速流通、群體擴散效應的特性，讓一則顧客抱怨瞬間放大至超乎比例的社會關注。例如一段錄影或一篇評價，經過網友的二次詮釋與情緒投射，往往超越原本的消費爭議本質，演變為企業誠信、服務倫理甚至社會正義的集體審判。

這種「放大鏡效應」不僅讓顧客的聲音被聽見，也在無形中鼓勵了部分消費者以激烈情緒或誇張言詞博取注意，因為「情緒越強烈，越有機會被傳播」。這讓奧客行為在社群平臺上獲得了新的生存空間與社會正當性。

輿論風暴的情緒感染機制

心理學中的情緒傳染理論指出，情緒具備高度的感染力，尤其在群體互動中更易被放大與強化。當一則消費抱怨在社群媒體引發共鳴，其他人即便未曾經歷類似情境，也容易在情緒上產生連帶反應，形成「我也不滿」、「我也曾受害」的心理共振。

這種集體情緒的堆疊，不僅讓事件本身失真，也讓企業陷入「輿論定罪」的壓力場。原本應由理性對話解決的消費爭議，最終被情緒風暴裹挾，企業不論是否真正有錯，都可能在輿論壓力下選擇妥協甚至道歉。

第三節　社群媒體與輿論助燃的情緒風暴

負評經濟與注意力操控

社群媒體的經濟邏輯本質上是「注意力經濟」，使用者透過創造受關注的內容換取流量與社會影響力。負評、抱怨、情緒性批評，因其爭議性與話題性，更易於被平臺演算法推送與擴散。

這種負評經濟不僅影響了消費者的表達方式，也讓部分人開始將「製造消費糾紛」視為累積社群聲量的捷徑。奧客心理在這樣的機制下被強化，消費者透過情緒操控輿論，以「消費不滿」換取「社群曝光」，形成一種扭曲的利益交換。

企業的困境與轉型

面對社群媒體與輿論助燃的情緒風暴，企業傳統的危機應對模式已不足以應對當代挑戰。企業需培養「數位輿情感知能力」，及早發現潛在的情緒風暴徵兆，並建立跨部門的快速回應機制，避免單點回應落入社群擴散的負面循環。

同時，企業亦需在品牌文化中強化「透明」、「真誠」、「溝通」的價值，透過長期的公關與社群經營，建立品牌信任與社群黏著度，讓顧客在不滿時願意先尋求企業的正式管道，而非直接透過社群發動輿論戰。

公共教育的角色

除了企業應變，公共教育與媒體素養的提升亦是減緩情緒風暴的關鍵。教育應引導大眾理解「輿論非審判」、「情緒不等於事實」，培養公眾在面對消費爭議時的理性思辨與資訊判讀能力，避免成為情緒風暴的無意幫凶。

綜合觀點

社群媒體與輿論的助燃效應,讓奧客心理與行為進入了一個全新的情緒戰場。這不僅是消費與服務的對立,更是情緒與資訊操控的競技。唯有透過企業的數位轉型、公眾的媒體素養提升與文化的理性引導,才能在資訊爆炸的時代中,為消費互動重建秩序與信任。

第四節
亞洲與歐美奧客行為的文化心理落差

　　奧客行為雖全球皆有，但在亞洲與歐美之間展現出顯著的文化心理差異。這種差異不僅源於消費者權利意識的發展階段，更與各自的社會結構、教育體制與文化價值觀密切相關。透過對比兩大文化圈的奧客心理與行為，可以更深入理解奧客行為的成因與對應策略。

亞洲的階層秩序與顧客至上心理

　　亞洲地區如臺灣、日本、韓國，普遍存在深厚的階層秩序與禮教文化，消費者地位被賦予較高的社會位階。特別是在服務業，顧客被視為「衣食父母」，這種觀念在服務流程與人際互動中形成「顧客至上」的強烈文化，使得奧客行為在亞洲社會中具有某種程度的正當性與被容忍度。

　　例如：日本儘管以高水準與禮貌著稱，奧客行為依然存在，並以「得理不饒人」的模式呈現，常見對服務品質的極端挑剔與制度化投訴。韓國則因重視面子文化與階級意識，部分消費者習慣透過服務人員的屈從來確立自身社會地位，奧客行為表現出強烈的權力展示色彩。

歐美的權利平衡與契約精神

　　相較之下，歐美國家雖然消費者權利意識強烈，但更多建基於契約精神與公平交易的原則。消費者在消費過程中若遭遇不滿，通常透過理性溝通、法律訴訟或正規管道進行權益維護。這與亞洲社會強調「情感訴求」與「人情壓力」截然不同。

第三章 文化心理與奧客現象的國際對照

歐美的奧客行為多呈現為制度挑戰型，例如透過消費者評價網站、正規申訴管道施壓，強調解決問題的制度性與透明度。相較之下，亞洲奧客更偏好情緒性發洩、現場施壓與公審式的輿論操作。

集體主義與個人主義的心理差異

亞洲社會的集體主義文化，讓消費者在行使權利時常伴隨「為大眾發聲」的心理，奧客行為被包裝為「伸張正義」的社會性行動。歐美的個人主義則使消費爭議多以個體權利為出發點，較少出現群體性情緒擴散與不理性攻擊。

例如：歐美消費者會基於合約違約、產品瑕疵等理據提起訴訟或申訴，並注重事實與法律依據；亞洲消費者則常透過情緒渲染、放大細節瑕疵，將個人不滿轉化為對企業道德的全面質疑。

媒體與社群文化的推波助瀾

亞洲的媒體與社群文化傾向於放大消費糾紛中的情緒張力，新聞標題、網友評論經常激化對企業的批判，形成情緒化的輿論場。歐美則因法制健全與媒體責任意識，輿論在傳播消費爭議時相對注重事實查核與多元觀點，降低了奧客心理的情緒感染力。

對應策略的文化適配

企業在應對奧客行為時，必須理解不同文化下的心理結構與表現形式。亞洲企業應在情緒管理與人情應對上下功夫，設計既能情緒安撫又不損企業原則的應對話術。歐美企業則應強化制度透明與法律依據，確保消費爭議處理的公正與程序正義。

此外，跨國企業應根據市場文化設計差異化的顧客服務策略，避免用單一標準處理多元文化下的消費心理與行為。

綜合觀點

亞洲與歐美奧客行為的文化心理落差，揭示了消費權利行使背後的深層文化機制。唯有從文化心理出發，理解各地消費者的期待與行為邏輯，企業才能在全球化市場中建立更為精準的服務體系，既守住企業利益，也尊重消費者心理，達成服務互動的雙贏。

第五節　疫後消費焦慮與社會情緒的變異

新冠疫情為全球帶來巨大的經濟衝擊與社會動盪，其對消費心理與行為模式的影響深遠。疫後時代，消費者的焦慮感、控制欲與情緒表達方式產生了顯著變異，這些變化為奧客行為的加劇提供了新的心理土壤與文化條件。

疫後經濟壓力與消費焦慮

疫情期間，全球經濟衰退、失業率上升、收入不穩，讓許多消費者在財務上承受巨大壓力。即使疫後經濟逐漸復甦，這種不安全感並未完全消散。消費焦慮因此成為常態，消費者在消費時更加計較價格、服務與品質，對任何不符預期的體驗展現出更低的容忍度。

這種焦慮不僅展現在金錢層面，也滲透到消費過程的情緒反應，部分顧客傾向於在服務不滿時展現更強烈的情緒，以確保自身權益不被忽視。奧客行為在此背景下，不僅是對單一事件的不滿，更是對疫後不確定感的情緒投射。

疫情後的控制欲增強

疫情讓人們普遍感受到「生活失控」，防疫政策、物資短缺等經歷，讓消費者在心理上對「可控性」產生強烈渴求。消費行為因此不再只是交易，更成為個體尋求掌控感的手段。

當消費過程中的服務或產品未達標準，便喚起了對失控的恐懼與焦慮，奧客行為因此以更強烈的控制欲展現，如無理要求、過度投訴、反覆挑剔，藉此重建對生活的掌控感。

社會情緒的集體轉向

疫後社會情緒普遍呈現低氣壓與易怒傾向。心理學研究指出，長期壓力與集體創傷會導致社會群體的耐性降低、敵意上升，這使得消費場域成為情緒洩洪口。奧客行為在此種集體情緒的渲染下，呈現出更多的情緒爆發與社交對抗性。

同時，社群媒體在疫情期間扮演資訊擴散與情緒感染的角色，讓個體的焦慮與不滿快速集體化，奧客行為因此獲得「正當發洩」的社會認可度，進一步鞏固了不理性消費行為的土壤。

健康焦慮與潔癖型奧客的興起

疫情加劇了消費者對衛生與安全的敏感度，部分顧客對環境清潔、商品包裝、服務人員的防疫措施有著極高要求。這種健康焦慮促生了潔癖型奧客，他們對服務中的任何瑕疵極度挑剔，並以健康風險為由進行無止境的投訴或退貨。

雖然這種行為在某程度上促進了服務品質提升，但過度的潔癖心理也讓前線服務人員承受巨大的情緒壓力與應對難度，進一步複雜化了疫後服務場域的顧客心理地景。

企業的因應之道

面對疫後消費焦慮與情緒變異，企業需調整服務策略與應對機制，包括：

- 情緒勞動管理：強化員工的情緒管理與心理韌性訓練，減輕前線人員的情緒耗損。

- 透明溝通：在服務流程與產品資訊中加強透明度，讓顧客對服務內容與標準有清楚認知，降低誤解與焦慮。
- 健康保障承諾：針對健康焦慮，建立明確的衛生與安全保障措施，並透過宣導讓顧客安心。
- 快速反應機制：建立快速處理投訴與疑慮的通道，讓顧客感受到企業對焦慮與不滿的即時回應，減緩情緒升溫。

綜合觀點

疫後時代的奧客心理，是焦慮、控制欲與集體情緒變異交織的產物。企業若僅以傳統的服務標準應對，將難以應付這種新型的心理挑戰。唯有透過心理洞察、制度創新與文化引導，才能在疫後社會的不確定性中，為顧客與服務人員創造一個更穩定、理性且具韌性的互動環境。

第六節　群體心理與從眾式奧客行為

奧客行為的產生往往被視為個體性的情緒或性格問題，然而在實際的消費場域中，群體心理對於奧客行為的誘發與強化具有不可忽視的作用。當消費者身處群體氛圍或社群互動中，從眾心理、情緒感染與責任分散機制常使原本理性的顧客，逐漸展現出奧客傾向，甚至陷入集體非理性的行為模式。

從眾效應與奧客行為

心理學家阿希（Solomon Asch）於 1950 年代提出的從眾效應，指出個體在群體壓力下，會傾向順從多數人的意見與行為，即便明知其不合理。消費者在排隊、促銷、或是網路社群的集體評價環境中，極易受到他人態度與情緒的影響，進而複製奧客行為的模式。

例如：當有一位顧客在現場對服務人員提出強烈指責，旁觀者即便原本無不滿，也可能因群體氣氛而參與批評，或至少在情緒上與之共振，形成一種「大家都不滿，我也應該質疑」的心態。這種心理讓奧客行為在群體中快速擴散，服務現場因而陷入集體壓迫的窘境。

責任分散與匿名性心理

群體心理中的責任分散效應，讓個體在群體中不需承擔完全的行為後果，進而放大其行為的極端性。當多數人一起抱怨、批評或挑戰服務人員時，個別顧客的心理壓力與道德約束感降低，更易做出在單獨消費時不會出現的過激行為。

此外，網路社群的匿名性，進一步強化了這種責任分散效應。當顧客透過評論區、社群平臺發表批評時，不必直接面對被批評對象，心理防線降低，情緒表達更為激烈，從而助長了從眾式的奧客行為。

情緒傳染與群體極化

情緒傳染是群體心理中另一關鍵機制，當消費場域中的一人表達強烈情緒，其他人即使起初情緒中性，也可能因情緒共振而產生類似情緒反應。這種群體極化（Group Polarization）效應，會讓原本的輕微不滿轉變為嚴重的不信任與敵意，形成服務現場的情緒風暴。

例如：在餐廳中，若一位顧客公開指責食物品質不佳，其他顧客即便主觀感受尚可，也可能在情緒渲染下重新檢視自身的消費經驗，進而產生原本不存在的不滿，形成集體對抗的氛圍。

網路社群的群體心理動力

網路社群因其無邊界、即時性與匿名性，更是從眾式奧客行為的溫床。社群平臺上的「跟風」現象，讓一則負評或投訴容易迅速獲得大量附和與轉發，即便事實未明，群體情緒已然形成既定印象，對企業形象造成長遠影響。

此現象也反映了「迴聲室效應」，即社群中相似立場的意見反覆強化，讓群體對企業的評價快速極端化，企業即使積極澄清，亦難抵群體成見與情緒累積。

企業因應群體心理的策略

面對群體心理與從眾式奧客行為，企業需從以下幾方面著手：

- 現場情緒管理：培養服務人員對群體情緒的敏感度，及時辨識情緒傳染的徵兆，並透過穩定、專業的應對話術降低情緒升溫。
- 社群溝通策略：建立積極的社群經營機制，當負面消息初現即介入回應，防止情緒與誤解的擴散。
- 透明資訊與教育：透過公開資訊與教育內容，提升顧客對企業制度與服務標準的理解，減少因資訊不對稱而產生的集體誤解。
- 危機預演與應變機制：設置情緒風暴的預警系統，並定期進行群體應對的演練，提升企業面對突發輿論壓力的應變能力。

綜合觀點

群體心理與從眾式奧客行為，揭示了消費場域並非僅是個體與企業的對話，更是集體情緒與社會心理的交織場。企業若忽視群體心理的動態，將難以有效控制奧客行為的擴散。唯有透過情緒管理、社群經營與公共教育的多元策略，才能在集體心理的洪流中，維持服務現場的穩定與品牌形象的正向。

第七節　公共空間中的情緒侵犯心理

奧客行為的展現不僅局限於個別商家或服務場域，更常在公共空間中蔓延與變異。公共空間由於其開放性與多元性，成為情緒侵犯與行為越界的溫床。顧客在這些場域中，藉由對服務人員或其他顧客的情緒侵犯，不僅釋放壓力，更滿足內在的控制欲與優越感。

情緒侵犯的心理本質

情緒侵犯指的是個體在互動中，透過言語、態度或行為，對他人施加情緒性的壓迫、羞辱或操控，目的是削弱對方的心理防線，從而達到權力優勢。這種行為並不總以爆發性的怒罵呈現，更多時候是冷嘲熱諷、故意無視、過度挑剔或持續施壓。

在公共空間，這種行為因為有觀眾效應，加劇了表演性質。顧客透過在眾人面前施壓或羞辱服務人員，實現自我地位的彰顯與控制場域的心理滿足。

公共場域的權力錯置

公共空間的開放性使得權力關係更為複雜。消費者在這樣的場域中，常誤以為「空間屬於大眾即意味著我有無限權利」，忽略了服務規範與基本尊重。這種權力錯置讓部分顧客在公共空間中的奧客行為更為極端，因為缺乏明確的權限劃分與約束。

情緒外部化與社會壓力的投射

心理學指出，個體在無法處理的內在壓力時，往往選擇將情緒外部化，將壓力源轉嫁給他人。公共空間成為理想的外部化場域，因為受害者往往是陌生的服務人員或其他顧客，攻擊後的心理成本低。

例如：城市生活的擁擠、排隊等待的不耐，或對社會制度的無力感，皆可能在餐廳、商場、交通運輸等場域中，被轉化為對第一線服務人員的情緒侵犯。

空間秩序與心理安全感的流失

當公共空間缺乏秩序與規範，消費者的心理安全感降低，進而以「先發制人」的方式通過情緒侵犯建立自我保護機制。他們以高壓與挑釁的態度確保自己不被忽視，甚至不被欺負，這種心理防衛卻無形中侵害了服務人員與其他顧客的情緒邊界。

媒體再現與行為學習

媒體對公共空間中消費糾紛的報導，常無意間強化了情緒侵犯的學習效果。當新聞、影片將顧客對服務人員的霸凌、羞辱行為當作話題，甚至引來網友支持或嘲諷，這種行為模式便被社會潛移默化，形成「敢怒敢言」的錯誤示範，讓更多人效仿。

企業與空間管理的應對

企業與空間管理者需正視公共空間中情緒侵犯的心理動力，從制度與文化層面進行規範：

- 空間秩序設計：透過空間動線、服務站位的設計，減少顧客與服務人員之間的壓迫感與直接衝突。
- 心理安全感的塑造：在場域內設立心理安全提示與行為規範，讓顧客理解公共空間中的行為界限與尊重原則。
- 服務人員的權利保障：明確宣導企業對服務人員的保護立場，賦予員工適度拒絕或報告情緒侵犯行為的權利。

綜合觀點

公共空間中的情緒侵犯，是個體心理壓力、空間權力錯置與社會示範效應交織的結果。企業與社會若不正視此一現象，不僅侵害服務人員的心理健康，更會長期侵蝕公共空間的秩序與安全。透過制度設計、文化教育與心理支持，方能逐步修復公共空間的互動倫理，讓消費與服務在尊重與理性中共存。

第八節　案例：Burberry 英國精品櫃上的名媛奧客

英國知名精品品牌 Burberry 在其櫃點曾出現一起引起現場關注的服務互動事件。一位名媛顧客對於限量商品無法即時提供表達強烈不滿，期間情緒反應較為激烈，並與現場服務人員發生溝通上的摩擦。該事件反映出高端消費場域中，顧客期待與現場服務資源之間可能出現的落差，以及品牌在面對高壓情境時的應對挑戰。

案例背景與行為展現

該名顧客進店後，直接要求查看尚未公開上市的限量款式提袋，當服務人員禮貌告知目前無存貨且需預訂時，對方隨即變臉，語氣充滿質疑與輕蔑，並開始以「你知道我是誰嗎」、「我在倫敦時尚圈的地位你負擔得起嗎」等話語施壓。

她不僅公開批評服務人員的專業與素養，還高聲指責品牌對 VIP 客戶的不尊重，試圖以個人身分與社會地位迫使對方讓步。期間不斷提及自身與 Burberry 高層的私人交情，甚至揚言「讓你們經理來跟我解釋」。

心理動機剖析

此行為展現出強烈的權威操控與虛榮展示心理。該顧客透過彰顯自身的社會地位與人脈關係，意圖在公共空間中獲取心理優勢，藉由羞辱服務人員來鞏固自我優越感。

從心理補償角度觀察，這類名媛型奧客可能在其他社交場合或內心深處存在不安全感，透過消費場域的權力展演來強化自我認同。此外，

文化資本的炫耀亦是此類行為的核心驅動，透過精品消費的特權符號，劃分社會階級的界線。

公眾反應與社群輿論

事件被店內其他顧客錄下後上傳至社群平臺，迅速引發網友的兩極評價。部分人批評該名顧客「仗勢欺人」、「過度炫耀階級」，但也有人認為「高級客戶本就該享有特別待遇」。

這場輿論風暴不僅揭露了精品消費中的階級潛規則，也讓社會大眾重新省思奧客行為的文化根源與心理結構。

Burberry 的應對策略

Burberry 官方並未直接對個案發表評論，但內部強化了對服務人員的心理支持與權益保障，並在後續教育訓練中加入「高壓顧客應對技巧」與「情緒管理訓練」。品牌亦透過公關管道重申「尊重每一位顧客與員工」的核心價值，試圖平衡高端服務與員工尊嚴的文化認知。

案例啟示

此案例反映出，在奢侈品牌的消費場域中，奧客行為往往與社會階級、文化資本展示緊密結合。企業在塑造高端顧客服務的同時，必須建立對員工的情緒保護與制度性支援，避免服務人員成為階級炫耀的情緒犧牲品。

第八節　案例：Burberry 英國精品櫃上的名媛奧客

綜合觀點

Burberry 名媛奧客的案例是文化資本、權力操控與虛榮心理交織的經典縮影。面對這樣的消費心理與行為模式，企業唯有從制度、教育與文化宣導著手，才能在高端消費市場中，同時維護品牌價值、顧客體驗與員工尊嚴，建立更為健康的服務文化。

第三章　文化心理與奧客現象的國際對照

第四章
溝通與衝突：破解奧客的心理對話術

第四章　溝通與衝突：破解奧客的心理對話術

第一節　傾聽的心理學與衝突前的防衛

在顧客服務的互動過程中，衝突的發生往往源於訊息誤解與情緒失控，而「傾聽」則是破解奧客行為、預防衝突的第一道心理防線。傾聽不僅是接收顧客的需求與抱怨，更是對顧客情緒與需求背後心理動機的洞察，從而在衝突尚未爆發前找到緩解的契機。

傾聽的心理學基礎

傾聽在心理學上被視為一種積極的溝通行為，具備降低對方戒心、促進情緒釋放與增強互信的功能。心理學家卡爾·羅傑斯（Carl Rogers）提出的「同理性傾聽」強調，只有當服務人員真正理解顧客的情緒與需求，顧客才會感到被尊重與接納，進而降低敵意。

透過主動傾聽，服務人員能捕捉語言之外的情緒訊號，如語氣、節奏、音量變化，這些都是顧客潛在不滿的指標。及早辨識這些訊號，有助於在衝突爆發前調整應對策略，避免情緒對抗。

傾聽與心理防衛的連動

服務人員在面對奧客行為時，若缺乏傾聽的意識與技巧，容易在顧客情緒升溫時產生本能的心理防衛，如反駁、辯解甚至冷處理，這些反應反而激化衝突。因此，傾聽本身即是一種心理防衛的前置機制，透過讓顧客「被聽見」，解除對方的心理防衛與攻擊傾向。

傾聽的三層次技巧

1. 表層傾聽

專注接收顧客的字面訊息，確認基本需求與問題點。

2. 情緒傾聽

辨識語言背後的情緒色彩，如焦慮、憤怒、不安，並適度回應情緒本身。

3. 動機傾聽

洞察顧客抱怨背後的心理需求，如尋求重視、控制感或安全感，進而設計有針對性的應對策略。

傾聽的迷思與修正

部分服務人員誤以為傾聽僅是「讓顧客講完」，但真正的傾聽應包含適時的回饋與確認，讓顧客知道「我聽見了，也理解了」。此外，避免過早下結論或主觀判斷，防止顧客誤認服務人員「不在乎」或「敷衍」。

傾聽與情緒共感的結合

情緒共感是傾聽中的進階技巧，服務人員需在傾聽過程中展現情緒上的認同與支持，如「我理解這讓您感到不舒服」、「我也會因這樣的情況感到困擾」。這種共感不代表認同顧客的指責，而是讓對方知道其情緒被接納，從而降低對抗性。

第四章　溝通與衝突：破解奧客的心理對話術

結合傾聽的防衛性話術

- 「讓我確認一下，您的擔心是⋯⋯對嗎？」
- 「我聽見您對 ××× 的顧慮，這真的很重要。」
- 「您的感受我們非常重視，讓我再確認一下細節，以免有誤解。」

這些話術不僅強化了傾聽的效果，也在顧客尚未情緒爆發時，建立起心理安全感與信任基礎。

綜合觀點

傾聽不僅是解決衝突的開端，更是服務人員保護自身情緒與職業心理安全的核心能力。透過有效的傾聽，服務人員能在顧客情緒升溫前，洞察需求、緩解焦慮，為後續的溝通鋪設穩固的心理橋梁，從而達到預防衝突、化解奧客行為的效果。

第二節　非語言訊號的精準辨讀

在顧客服務的互動過程中，語言之外的非語言訊號往往是揭示顧客真實情緒與心理狀態的關鍵。服務人員若能精準辨讀非語言訊號，不僅能預判顧客情緒的變化，更能在衝突發生前調整應對策略，避免情緒升溫與溝通失誤。

非語言訊號的心理意義

心理學家艾伯特・麥拉賓（Albert Mehrabian）在研究情緒與態度的傳達時提出「7-38-55 法則」：在表達情感時，語言內容僅占 7% 的影響力，語音語調占 38%，肢體語言則占 55%。這顯示在溝通情緒與態度時，非語言訊號往往比語言本身更具影響力。

顧客在表達不滿時，往往不直接言說，而是透過眼神、表情、姿態、動作來釋放訊號。服務人員若能敏銳捕捉這些細節，便能在語言未及之前，洞察對方情緒的真實狀態。

關鍵的非語言訊號類型

1. 眼神變化

顧客若開始避免眼神接觸、瞪視或頻繁掃視四周，通常預示著不安、懷疑或即將爆發的不滿。

2. 面部表情

嘴角下壓、皺眉、緊抿嘴唇是壓抑情緒的代表，微妙的不悅常從面部肌肉的緊繃洩露。

3. 身體姿勢

雙手交叉、手插腰、後仰或前傾，皆可能代表顧客正進入防衛或挑戰狀態。

4. 動作節奏

動作頻率的異常變化，如突然加快的手部動作、頻繁查看手機或手錶，顯示焦躁與不耐。

非語言訊號的綜合解讀

非語言訊號需結合當下情境與語言內容綜合判斷，避免單一解讀產生誤判。例如：皺眉可能是聽不懂也可能是憤怒，需搭配語氣、語速與內容確認。

服務人員應養成「三重觀察法」：

- 觀察眼神與表情的變化
- 觀察姿態與動作的節奏
- 觀察顧客對周遭環境的注意力流向

透過這種立體化觀察，能更精準掌握顧客的情緒走向與心理預期。

非語言訊號的回應技巧

當服務人員察覺顧客的非語言訊號已有異常時，可透過以下技巧回應：

- 確認式提問：「我感覺您對這部分好像還有些疑慮，您方便讓我再多解釋一點嗎？」

■ 同步情緒的語氣調整：適時放慢語速、降低音量，展現穩定與接納的態度，讓顧客情緒得到安撫。
■ 適度的非語言回應：點頭、微笑、眼神專注等，讓顧客感受到被在意與重視，降低其防衛心。

非語言訊號的訓練與培養

企業應透過角色扮演、情境模擬等方式，培養服務人員對非語言訊號的辨識力與應對力。這不僅是溝通技巧，更是心理素養的核心部分。

> **綜合觀點**
>
> 非語言訊號是奧客心理與情緒狀態的前哨站，掌握其辨讀與應對，服務人員才能在言語之外，先一步預防與緩解衝突。這是服務專業不可或缺的心理雷達，唯有不斷訓練與實踐，才能真正做到對話中的「未語先察」，為服務互動創造更穩定與友善的心理場域。

第三節　設立心理邊界的溝通技術

在顧客服務的互動過程中，設立心理邊界不僅是自我保護，更是維持專業與有效溝通的必要條件。心理邊界能讓服務人員在應對奧客行為時，避免情緒被全面吞噬，並確保溝通不偏離理性與規範。

心理邊界的意義

心理邊界指的是個體在與他人互動時，能明確劃定「我與對方」的心理距離與行為界限。缺乏邊界的溝通容易使服務人員將顧客的情緒與要求視為個人責任，最終導致情緒耗竭、專業崩塌甚至服務失誤。

美國自助作家亨利‧克勞德（Henry Cloud）在其書中指出，健康的心理邊界能幫助個體維護心理健康與人際秩序。當應用於高壓的服務場域時，心理邊界不僅是維護服務人員職場尊嚴的防線，更是提升心理韌性的關鍵機制。

溝通中的邊界表達技巧

1. 明確規範引導

如「依照我們的流程，這部分需要經過主管確認。」讓顧客理解服務的制度性，而非個人意願決定。

2. 適度的情緒劃分

「我理解您的不滿，但我需要在規定允許的範圍內協助您。」這類話語能協助將顧客的情緒與服務人員的職責劃清界線。

3. 正向堅定表達

「為了讓您的問題能順利解決，我們需要依照以下步驟處理。」將界限包裝成解決方案，避免直接拒絕引起對立。

非語言的邊界訊號

除了語言，非語言表達同樣關鍵。站姿穩健、不卑不亢的語調、適當的眼神交流，都是傳達心理邊界的非語言訊號。這些訊號能讓顧客感受到對方的專業與穩定，降低挑釁或輕視的可能。

邊界失守的風險

若服務人員未設立心理邊界，常見的後果包括：

- 情緒感染：將顧客的焦慮或怒氣內化，導致應對失當。
- 過度迎合：為討好顧客而違反規定，造成企業風險或自我價值感削弱。
- 職場倦怠：長期無邊界的溝通，容易使服務人員心理疲憊，甚至對職業產生厭倦感。

邊界建立的訓練方法

企業應透過專業訓練強化服務人員的邊界意識，包括：

- 案例演練：設計情境模擬，訓練員工在各種奧客行為中設立與堅持邊界的話術與態度。
- 情緒自覺訓練：培養員工覺察自身情緒變化，及早進行心理調節，防止邊界失守。

■ 組織支持機制：明確企業對員工設立心理邊界的支持與保障，讓服務人員敢於拒絕不合理要求。

> **綜合觀點**
>
> 設立心理邊界是溝通的隱形防線，讓服務人員能在維護顧客權益的同時，也守住自身的專業與尊嚴。透過語言、非語言與制度的三重設計，企業與員工得以在面對奧客行為時，建立不逾矩的溝通秩序，確保服務品質與心理健康的雙重保障。

第四節　情緒降溫話術與去激化策略

在顧客服務的現場，當顧客情緒逐漸高漲甚至接近失控時，服務人員的第一要務便是協助顧客情緒降溫，防止衝突進一步升級。此時，若能運用有效的去激化 (De-escalation) 策略，不僅能化解即將爆發的對立局面，還能為雙方創造理性對話的契機。去激化的本質，是一套結合話術、態度與行為的全方位溝通技術，目的在於平穩對方情緒、拉回談判與協商的主軸。

去激化的心理學基礎

去激化策略的心理基礎源自情緒調節理論。當顧客情緒處於高張狀態時，大腦中的前額葉皮質──負責理性思考與衝動控制的區域──功能會因杏仁核的過度活化而被暫時壓制。此時，顧客幾乎無法用理性理解服務人員的解釋或建議，所有的資訊輸入都會被情緒過濾。

因此，服務人員若硬碰硬地辯解、指正，往往無法奏效，反而加劇顧客的反感與敵意。去激化的關鍵，在於協助顧客將情緒從「杏仁核主導」逐步轉回「前額葉皮質掌控」，讓對方得以恢復理性對話的能力。

情緒降溫的話術原則

(1)共感與理解：「我聽得出來這件事讓您非常不舒服，我很希望能協助您解決。」

(2)使用中性與穩定語調：避免音量過高或語速過快，語調低穩能傳遞安全與可靠的感覺。

(3)承諾協助但不過度承諾：「讓我確認一下您的需求，我們會依照規定為您處理。」

(4)引導性步驟：「我們可以從這個部分先著手，這樣的方式您覺得合適嗎？」

(5)重複確認與小結：「我先確認一下，您的重點是……對嗎？」這讓顧客知道自己被傾聽，情緒自然降低。

去激化的非語言策略

除了言語，非語言訊號在去激化中扮演關鍵角色。

- 保持穩健的站姿與適當距離：展現專業與尊重，讓顧客有心理上的安全空間。
- 開放的肢體語言：避免雙手交叉或雙手插腰等防衛性動作，手心朝上或放於身側更具親和力。
- 專注但不帶壓迫的眼神交流：眼神交流能傳達關注，但須避免直視過久產生逼迫感。
- 控制呼吸與面部表情：保持平緩呼吸，面帶淡定的表情，能穩定自己也影響對方。

常見的溝通陷阱

在去激化過程中，服務人員需避免以下錯誤：

- 命令式語氣：「請冷靜點。」這樣的語句會被視為否定對方情緒，反而火上加油。

- 立即辯解：「我們沒有錯，這是您的誤會。」這樣的話術會讓顧客感覺被貶低與否定。
- 過度道歉而無實質行動：頻繁道歉但缺乏具體解決方案，會讓顧客認為你只是在敷衍。

去激化的階段性應對模式

(1) 接納與情緒共感階段：讓顧客情緒被完整表達，透過語言與非語言讓顧客知道「你有被聽見」。

(2) 問題澄清階段：在情緒緩和後，開始釐清顧客的核心需求與訴求。

(3) 提出解決方案階段：依照企業規範與顧客需求，提出具體的處理方案與時程。

(4) 行動承諾與後續跟進：「我會在 ×× （時間）前回覆您最新進度，這樣可以嗎？」

企業支持與制度設計

企業應透過以下方式支持去激化策略的落實：

- 標準話術庫建置：建立適用不同情境的去激化話術，方便服務人員靈活應用。
- 情緒管理與心理承受力訓練：定期培訓員工的情緒辨識與調節能力，強化心理韌性。
- 制度賦權：授權前線人員在一定範圍內進行補償、調整或其他彈性處理，減少轉接造成的二次情緒激化。
- 情緒事件回溯機制：建立服務現場情緒事件的回顧與學習機制，持續優化應對策略。

第四章　溝通與衝突：破解奧客的心理對話術

> **綜合觀點**
>
> 情緒降溫與去激化不僅是服務現場的技巧,更是企業文化與員工心理素養的綜合展現。當企業能系統性地支持去激化的執行,服務人員才能在高壓的奧客互動中,穩定自己的情緒、冷靜掌握對話節奏,最終在不損傷顧客尊嚴的前提下,有效化解衝突、穩住品牌形象,並維護員工的職場心理安全。

第五節　認知失調與說服話術的設計

在顧客服務與奧客應對的現場，當顧客的情緒逐漸被去激化後，服務人員接下來的關鍵任務便是說服。說服的本質不只是傳遞資訊或堅持立場，而是透過理解顧客內心的「認知結構」，找到對方的心理縫隙，進行有效的觀點調整。心理學中的「認知失調理論」即為說服話術設計的重要理論基礎。

認知失調理論的心理學根基

由心理學家里昂・費斯廷格（Leon Festinger）於 1957 年提出的「認知失調理論」，指出當個體的信念、態度與行為之間產生不一致時，會引發內在的不安與心理壓力。為了緩解這種不適，個體會主動調整認知或行為，以恢復內外一致的心理狀態。

在顧客服務中，當顧客的抱怨被適度接納後，便進入一種「需要尋求解釋或合理性」的心理狀態。此時，服務人員若能設計說服話術，創造顧客內心的認知失調，就能引導對方重新評估自身的立場與態度，進而接受企業的處理方式或制度解釋。

認知失調誘發的話術策略

1. 價值對立法

「我們非常重視每一位顧客的感受，也正因為如此，我們才必須確保每一位顧客都在公平的制度下受到同樣的待遇。」這樣的話術讓顧客陷入「自己也重視公平」的價值矛盾，促使其態度轉向理性。

2. 選擇性對照法

「我理解您期待特別處理,但如果我們在沒有公平標準的情況下特別為您調整,是否也會對其他顧客不公?」透過對比,讓顧客思考其要求是否站得住腳。

3. 正當性提問法

「如果我們每一位同樣情況的顧客都這樣處理,您覺得這樣是否合理?」透過反問引發顧客自我評估,激發內在的認知調整。

建立顧客自我修正的心理機制

成功的說服不在於「說服對方」本身,而在於「讓對方自己修正」。因此話術設計須具備:

- 引導顧客思考而非直接灌輸:過度強調企業立場容易激起對立,透過提問與對比讓顧客自行發現盲點。
- 回應顧客的價值觀:抓住顧客在對話中的核心價值,如公平、效率、尊重,並將企業的做法與之對齊。
- 使用「我們」而非「你」的措辭:強化服務人員與顧客的同盟關係,降低對方的戒備心。

情緒與認知並行的話術範例

「您的要求我完全理解,也謝謝您提醒我們在制度上的可能盲點。不過為了讓每位顧客都能獲得一致的保障,這是我們目前必須遵守的流程,還請您諒解。」

「我知道如果我是您,可能也會這麼想。這也是我們一直努力優化服務的原因,不過在現有規範下,這是最能兼顧公平與效率的做法。」

結合非語言與話術的說服力強化

說服的過程中,非語言訊號如語氣的溫和、語速的適中、眼神的真誠、身體的前傾與點頭,都能增加話術的說服力。這些行為讓顧客感受到「被尊重」、「被理解」,即便不完全滿意,也較容易接受現有的解決方案。

員工話術設計的訓練與組織支援

(1)話術模組化:企業可將常見爭議情境的說服話術標準化,提供員工參考。

(2)心理學素養培訓:教育員工基本的認知失調理論與心理學知識,提升應變的靈活度。

(3)內部練習與回饋:透過角色扮演與實務回顧,讓服務人員練習說服的話術設計與即時應用。

綜合觀點

認知失調理論為說服話術提供了科學的依據,讓服務人員不再是單純的「問題解決者」,而是「心理調節者」。透過精準設計的話術與溫和堅定的態度,企業與員工能在面對奧客或情緒化顧客時,有效引導對方自我修正,最終讓溝通回歸理性,衝突轉化為理解,服務體驗也因而昇華。

第六節　情緒反彈與攻擊性對話的拆解

在服務現場，即便服務人員已設計精準的說服話術，奧客或情緒激烈的顧客仍可能因內心的防衛機制，產生強烈的情緒反彈。這種反彈往往伴隨攻擊性對話，進一步激化對立，讓原本的溝通努力前功盡棄。對此，服務人員必須掌握拆解攻擊性對話的心理技巧與應對策略，才能在情緒高壓下穩住對話主控權。

情緒反彈的心理結構

情緒反彈是心理防衛機制的表現之一，當顧客感受到自身立場受到挑戰、權利感被動搖或自尊心被刺激時，內在的不安與自我防禦便以攻擊性言語或行為形式展現。心理學家安娜・佛洛伊德（Anna Freud）所闡述的防衛機制，如投射、否認與反向形成，常在奧客的攻擊性對話中浮現。

例如：當服務人員以理性話術回應奧客的不當要求，奧客可能反以「你們是不是在敷衍」、「是不是看不起我」等攻擊語言回擊，將對自身立場的懷疑轉嫁為對服務人員的指責與羞辱。

攻擊性對話的常見型態

(1) 指責與汙衊：「你們的服務一向都很爛！」

(2) 人格否定：「你是不是沒受過訓練？」

(3) 極端誇大：「這簡直是我遇過最糟的體驗！」

(4) 威脅與施壓：「我要投訴到你們總公司，看你怎麼辦！」

拆解攻擊性對話的應對策略

1. 情緒不對稱應對

服務人員須維持語調穩定、語速適中,創造情緒不對稱,避免被顧客的高壓語氣帶動情緒。

2. 焦點抽離法

「我理解您現在很生氣,但我希望我們可以先聚焦在如何協助您處理當前的問題。」將對話從情緒指責拉回問題本身。

3. 情緒鏡映法

「聽得出來您真的非常不滿意,這樣的情緒我完全可以理解。」適度回應顧客的情緒,讓對方感到被理解,降低對立心態。

4. 設限與正向引導

「我很樂意協助,但我們需要以尊重的方式對話,這樣才能幫您爭取最好的處理方式。」對攻擊性行為設下溝通界線,並指引回理性對話。

非語言技巧的輔助作用

(1) 穩定的眼神交流:避免閃躲或挑釁式的注視。

(2) 開放式肢體語言:雙手可見、姿態平穩,展現開放態度。

(3) 適度的肢體前傾:示意關注與投入,但不侵入對方空間。

組織層面的支持機制

企業應為前線員工建立應對攻擊性對話的心理支援系統,如:

- 情緒支援小組:提供心理諮商與情緒抒發的管道。

第四章　溝通與衝突：破解奧客的心理對話術

- 案例回顧制度：定期分享處理攻擊性對話的優良案例，強化員工學習與信心。
- 應對話術手冊：彙整各類攻擊性對話的應對範本，協助員工快速找到對策。

進階訓練：情緒韌性與即興應變

服務人員需培養情緒韌性，透過冥想、呼吸調節等方式提升自我情緒調節能力。同時，透過即興應變的訓練，如模擬演練與即席回應技巧，提升面對突發攻擊時的從容與應對靈活度。

綜合觀點

情緒反彈與攻擊性對話是服務現場的常態挑戰，唯有掌握心理學的拆解策略與話術技巧，結合非語言的穩定訊號與企業的組織支持，才能讓服務人員在高壓情境中守住專業與尊嚴，將衝突的烈焰轉化為理性的對話橋梁，最終達到情緒修復與服務品質雙贏的局面。

第七節　沉默策略與時間延遲的心理影響

在服務現場的奧客應對與高壓溝通過程中，「沉默」與「時間延遲」往往被忽視，卻是破解情緒攻擊與對話對抗的關鍵策略。沉默不僅僅是語言的中止，更是心理上重啟節奏、重置對話氛圍的有效技術。時間延遲則是拉開情緒爆發的連續性，為雙方創造反思與緩衝的空間。

沉默策略的心理機制

心理學指出，沉默在人際溝通中具備多層次的心理功能。首先，沉默能打斷情緒的連續輸出，迫使對方在情緒發洩後進入「情緒真空期」，產生自我覺察的機會。其次，沉默為對方創造思考空間，當顧客感受到無回應的片刻，便有機會意識到自身情緒是否已超出合理範疇。

沉默也是權力的象徵。非語言的安靜對峙，往往讓習慣以言語操控場面的奧客感受到心理上的失衡與不安。適當的沉默可傳遞服務人員的穩定與不輕易被操控的訊號，進而讓對方主動調整語氣與態度。

沉默的類型與應用

1. 主動式沉默

在顧客情緒宣洩後，服務人員刻意暫停，給予對方完整的發言空間，避免因過早打斷而激化情緒。

2. 回應前的深呼吸沉默

面對攻擊性對話，先以數秒鐘的沉默搭配深呼吸，不僅為自己調節情緒，也讓對方感受到對話節奏的轉變。

3. 反問式沉默

「我想確認一下，您的重點是……對嗎？」之後短暫停頓，促使對方自我檢視並修正語氣與焦點。

時間延遲的心理效益

時間延遲，亦即在處理爭議或回應奧客要求時，刻意拉長回應時間，透過時間的距離降低雙方的情緒濃度。這在心理學上屬於「情緒冷卻效應」，時間的流逝有助於情緒強度的自然衰退，讓原本激烈的對話降溫。

時間延遲的方式包括：

- 請求確認時間：「這件事我需要向相關單位再確認一下，可能需要一點時間，請您稍等。」
- 設定後續回應時程：「我會在××（時間）內給您最新的處理進度。」
- 引導顧客休息：「您先稍作休息，我們待會會再與您確認最新狀況。」

非語言配合的沉默與延遲

沉默與時間延遲的運用，需搭配非語言訊號以避免被誤解為冷漠或怠慢。

- 持續的眼神接觸：即便不說話，仍以專注的眼神表達「我在聽」、「我在思考」。
- 點頭與身體微傾：透過肢體語言維持對話的連結，讓顧客感受到被重視。
- 微笑或柔和的面部表情：減少沉默期間的壓迫感，避免讓顧客誤以為是冷處理。

組織層面的應對制度

企業在制度上應允許並鼓勵服務人員適度運用沉默與時間延遲，避免「即時回應」的迷思。建立「情緒緩衝期」的處理機制，如：

- 標準緩衝回應：「為了給您最好的回覆，請允許我們花些時間確認與處理。」
- 跨部門協調期：對於複雜或高壓的顧客需求，制度性設定需跨部門討論的時間，以減少前線人員的即時壓力。

員工訓練與實務演練

透過情境模擬與角色扮演，培養員工對沉默與延遲策略的靈活運用。例如：訓練員工在顧客高壓質問時，如何以非語言維持存在感，同時透過短暫的沉默為自己贏得思考空間。

綜合觀點

沉默與時間延遲，並非消極或逃避的手段，而是高階的情緒與溝通調節技術。透過掌握心理節奏、非語言訊號與制度支援，服務人員能在高壓對話中，運用沉默打開情緒的出口，藉由時間為雙方創造冷卻與反思的契機，最終讓溝通重返理性，服務現場也因此回復穩定與尊重的氛圍。

第八節 案例：Emirates 航空的空服溝通經典應對

Emirates 航空（阿聯酋航空）長年以高品質的服務與專業空服員應對著稱，尤其在高壓與複雜的客訴應對場景中，空服員展現出的溝通技巧與心理韌性，成為全球航空業的標竿。以下將以 Emirates 航空的應對案例，解析空服員如何在萬米高空的封閉環境中，拆解奧客的攻擊性對話，並透過情緒降溫、非語言訊號與制度性支援，達成有效的衝突化解。

案例背景

一位中東富商在 Emirates 航空的頭等艙搭乘時，因餐點內容未符合其文化忌諱，當場情緒爆發，對空服員連番指責，並威脅要在降落後「向航空公司高層施壓」。該顧客的社會地位與語氣威脅，讓現場其他顧客亦感受到不安與尷尬。

空服員的應對流程與話術設計

1. 即時情緒共感

「先生，我完全理解這樣的情況讓您感到非常不舒服，我們立即為您確認可以替換的餐點。」先安撫情緒，承認對方的不悅，避免激化情緒。

2. 非語言配合

服務員全程以穩定的語調、眼神關注、雙手不交叉的開放姿勢應對，傳遞專業與接納的訊號。

3. 時間延遲策略

「請您稍候五分鐘,我會與廚房及主管再次確認為您準備的替代選項。」透過時間延遲讓顧客情緒降溫,亦讓空服員取得內部支援時間。

4. 制度性轉介

隨後由資深座艙長登場,重申公司重視顧客需求的政策,並提出現場能提供的所有餐點選擇清單,以選擇權讓顧客恢復主控感。

5. 後續承諾

「我們已記錄您的飲食偏好,未來搭乘時將提前為您準備符合需求的餐點。」此舉不僅平息了當下,更展現長期關懷的誠意。

案例中的心理策略應用

(1) 情緒降溫:第一時間的共感與非對抗語氣,阻止情緒升溫。

(2) 權力讓渡:透過「選擇清單」讓顧客從被動抱怨轉為主動選擇,滿足控制感。

(3) 非語言穩定訊號:持續的眼神接觸與姿態穩定,降低顧客的敵意感。

(4) 時間緩衝:五分鐘的時間延遲,有效稀釋了顧客的情緒強度。

組織制度的支撐

Emirates 航空在員工訓練中,特別強調「服務分層應對機制」,即:

- 第一線服務員先以共感與情緒處理為主;
- 情緒未緩和時,由資深座艙長接手,帶著「制度授權」的權威感進場,避免第一線服務員承擔全部壓力;

- 全程記錄客訴細節，供後續客戶關係部門跟進與分析，避免同樣情況重演。

案例啟示

此案例顯示，當企業內部擁有清晰的情緒處理 SOP、分層應對機制與非語言訓練時，即便面對高權勢的奧客，也能從容應對。Emirates 航空讓我們看到，情緒共感、權力讓渡、非語言穩定、時間緩衝與組織支援，五者合一，才是成功拆解高壓客訴的黃金組合。

綜合觀點

Emirates 航空的空服應對經典案例不只是服務教科書，更是心理學與溝通藝術的結晶。從此案例出發，其他行業亦能借鏡：在高壓情境下，唯有話術、非語言、制度、心理支持多管齊下，才能在奧客面前不卑不亢，達到企業、員工、顧客三贏的局面。

第五章
情緒管理與心理干預：
服務前線的抗奧術

第五章　情緒管理與心理干預：服務前線的抗奧術

第一節　奧客情緒的心理結構

奧客行為的背後，不僅是對服務不滿的簡單反應，更是複雜情緒機制的展現。理解奧客情緒的心理結構，對於服務人員與企業在第一線應對上，至關重要。當我們將奧客的情緒脈絡拆解，便能從根源理解其行為邏輯，進而設計出有效的心理干預與溝通策略。

奧客情緒的多層次構成

奧客情緒並非單一的怒氣或不滿，而是由多種情緒層次交織而成，主要包括：

- 憤怒：直接對服務結果的不滿，是最外顯的情緒表現。
- 焦慮：源自對問題無法控制或結果不確定的擔憂。
- 挫敗感：累積的服務挫折與生活壓力共同作用，導致失控感。
- 羞辱感：當顧客感覺自身尊嚴或地位被忽視或挑戰時，羞辱感會轉化為攻擊性。

這些情緒彼此糾纏，形成情緒複合體，促使奧客以激烈手段表達訴求，期望透過情緒施壓來重建自身的控制感與尊嚴。

奧客情緒的心理動因

心理學中，情緒反應背後的驅動力往往來自：

- 自我價值的維護：當消費體驗觸及個體的自尊或地位感，便引發劇烈情緒。

- 控制欲的挫敗：服務過程中的失控感讓顧客情緒升高，試圖透過施壓掌控局面。
- 補償性投射：顧客將生活其他層面的壓力、無力感，投射在服務人員或企業上，尋求心理補償。

典型奧客情緒的行為展現

(1) 高壓質詢：透過快速、連珠炮式的提問讓對方無法招架。

(2) 人格羞辱：將對方專業與人格貶低，透過侮辱性言語取得心理優勢。

(3) 誇大指責：將小問題放大為企業整體的誠信或專業缺失。

(4) 社會性威脅：如「我要投訴」、「我要 po 到社群上」，透過外部壓力施壓。

情緒擴張的心理機制

奧客情緒的擴張，常伴隨以下心理機制：

- 情緒感染：顧客情緒不僅自我增強，還影響周遭其他顧客與服務人員的情緒場域。
- 情緒記憶再現：過去消費挫折的記憶在當下被喚起，使得情緒反應更為強烈。
- 歸因偏誤：將一切不滿歸咎於服務人員的態度或企業的制度，而忽略客觀情境的限制。

奧客情緒的緩解關鍵

理解這些心理結構後，服務人員可以透過：

- 情緒共感回應：如「我了解這真的讓您很困擾」，對情緒本身給予承認。
- 正確的情緒標籤：幫助顧客將模糊的不滿具體化，如「是因為等待時間太長讓您不舒服嗎？」
- 引導式問題：透過「如果我們這樣處理，您是否會感到比較好些？」將顧客情緒拉回解決方案。

組織與制度的情緒干預設計

企業需從制度層面強化情緒管理：

- 設計情緒應對 SOP，讓每一位服務人員具備「情緒診斷」的應對流程；
- 提供情緒心理學的基礎訓練，培養員工的情緒辨識力與干預能力；
- 設置「情緒專責」的後援團隊，當前線服務無法處理時，能有情緒處理專員接手。

綜合觀點

奧客情緒的心理結構是一套高度動態、層層疊加的情緒反應鏈。唯有透過對情緒層次與心理機制的深入理解，服務人員與企業才能在第一時間辨識情緒的真實成因，並透過專業話術、共感技巧與制度設計，將情緒化對話導回理性問題解決的正軌，真正實現服務現場的「心理干預」，而不只是問題處理。

第二節　情緒勒索的本質與破解法

情緒勒索是奧客行為中常見的心理操控手段，顧客透過強烈的情緒施壓、道德綁架或威脅性話語，迫使服務人員或企業在非理性條件下屈服。若服務人員缺乏對情緒勒索的辨識力與應對技巧，往往淪為心理勒索的受害者，甚至讓企業制度被動瓦解。

情緒勒索的心理本質

情緒勒索是心理操控的一種形式，核心在於以「讓對方感到害怕、愧疚或責任」為目的，從而達到不合理的要求。心理學家蘇珊‧佛沃（Susan Forward）在其著作中指出，情緒勒索具備以下幾項心理要素：

- 威脅性：直接或間接讓對方感到「不照做就會有後果」。
- 道德壓迫：讓對方陷入「若不滿足對方要求就代表自己無能或不夠好」的罪惡感。
- 情緒綁架：透過怒罵、哭訴、冷暴力等手段，讓對方情緒上陷入不安。

在消費場域，奧客的情緒勒索往往以投訴、抹黑、社群公審等方式威脅企業與服務人員，使其在壓力下讓步。

情緒勒索的行為模式

(1) 話語威脅：「你最好給我一個交代，不然我會讓你們付出代價。」
(2) 道德批判：「你們這樣的服務，不覺得羞愧嗎？」

(3)情緒操弄：「我現在情緒這麼差，都是你們害的！」

(4)群體動員：「我已經把這件事 po 到社群上，看你們怎麼收拾。」

破解情緒勒索的心理防線

1. 辨識勒索訊號

服務人員需具備高度的情緒覺察力，能區分「正當不滿」與「操控性勒索」。

2. 設立心理與制度邊界

例如「我理解您的不悅，但我必須在公司的制度內協助您處理。」讓對方知道存在一條不可逾越的規則線。

3. 拒絕情緒責任轉嫁

「我願意協助您解決問題，但我無法承擔您情緒上的不安，這部分我們可以一起找解決方案。」

4. 善用組織支持

當勒索行為超過個人承受範圍，應立即請示主管或情緒專責支援，避免第一線人員單獨應戰。

話術設計示範

「我理解您感到憤怒，若是我也會有情緒。但請允許我用制度內的方式協助，否則即便我再想幫也有困難。」

「我可以將您的意見完整轉達，並協助追蹤處理，但若您堅持這樣的態度，恐怕我們的對話會無法繼續下去。」

非語言與心理穩定技巧

(1)保持語速平穩：避免被對方高壓語氣牽動。

(2)穩定的姿態與眼神：展現堅定而非對抗的姿勢，讓對方知道情緒勒索無法輕易動搖你。

(3)自我心理緩衝：服務人員可透過內心自我對話：「這是對方的情緒，不是我的責任。」來保護心理界限。

組織層面的制度防護

1. 建立反勒索的應對 SOP

讓服務人員清楚在何種情緒勒索行為下，可以採取何種保護性應對。

2. 情緒支持與心理諮商

企業應為遭遇嚴重情緒勒索的員工，提供專業心理諮商與舒壓機制。

3. 內部升級處理機制

服務人員在遭遇超標勒索時，有權轉交主管處理，並由企業法務或公關支援避免對外損害擴大。

綜合觀點

情緒勒索是消費場域中的心理戰，服務人員與企業若無法設立清晰的心理與制度邊界，最終將陷入勒索者的操控泥淖。透過辨識、對話設計、非語言穩定、組織制度四位一體的策略，不僅能保護前線服務人員的心理健康，也讓企業免於因一次次的讓步而折損品牌的原則與尊嚴。

第三節　服務人員的情緒智力修練

在面對奧客與高壓溝通的第一線，服務人員的「情緒智力」不僅是專業素養的延伸，更是決定服務品質與心理韌性的關鍵。情緒智力（Emotional Intelligence, EQ）指的是個體辨識、理解與調節自己及他人情緒的能力，對於服務工作者而言，這不僅關乎職場表現，更攸關心理健康與抗壓能力。

情緒智力的五大核心能力

心理學家丹尼爾‧高曼（Daniel Goleman）提出情緒智力包含五大核心能力，服務人員若欲在奧客應對中穩住心理與對話主控權，需全方位修練：

- 自我覺察：能即時察覺自身情緒狀態，避免情緒被顧客帶動而失控。
- 自我調節：能迅速調節情緒，如透過深呼吸、內在對話，維持語氣與態度的穩定。
- 動機管理：在壓力下仍能維持專業服務動機，不因負面情緒影響工作熱情。
- 同理心：理解顧客情緒背後的需求與動機，協助找到對話突破口。
- 社交技能：靈活運用話術與非語言訊號，化解對話僵局，促進合作氛圍。

自我覺察的訓練法

1. 情緒日誌法

每日記錄自己在服務過程中的情緒變化，培養對情緒波動的敏感度。

2. 情緒對話練習

透過「我現在感覺到……」、「這是因為……」的自我陳述，強化內在情緒辨識力。

自我調節的實用技巧

(1) 呼吸控制：如 4-7-8 呼吸法（吸氣 4 秒、屏息 7 秒、呼氣 8 秒），可快速降低情緒緊繃。

(2) 心理距離感設置：「這是顧客的情緒，不是我的問題。」透過內在對話避免情緒內化。

(3) 身體語言調整：刻意放慢動作節奏，透過肢體放鬆回饋影響大腦情緒中樞。

動機管理的心理維持

1. 專業認同感建立

透過持續學習與自我提升，將服務工作視為心理挑戰與成長契機。

2. 正向回饋機制

企業應設計正向激勵，如服務之星、優質應對獎勵，強化員工正面動機。

同理心的深度培養

(1) 視角轉換練習：「如果我是顧客，面對這種情境會有何感受？」

(2) 情緒鏡映技巧：適時反映顧客情緒，如「我聽得出來這真的讓您很不開心。」

(3) 避免價值判斷：同理並不等於認同，避免在心中對顧客情緒評價對錯，以理解為主。

社交技能的溝通運用

1. 正向話術設計

「讓我們一起來看看怎麼解決最適合您的方案。」以合作語言取代對抗語氣。

2. 非語言同步

透過肢體語言、語氣與顧客的節奏適度同步，拉近心理距離。

3. 衝突化解橋段

「我們或許可以換個角度來看這個問題，這樣的方式您覺得如何？」引導對話從情緒轉向問題解決。

組織層面的情緒智力培育

(1) 情緒智力工作坊：企業應定期舉辦 EQ 訓練課程，結合理論與實務演練。

(2) 心理素養測評：透過專業評測工具，了解員工的情緒智力現況，制定個別化提升計畫。

(3) 同儕支持制度：建立情緒分享平臺，讓員工在高壓服務後有傾訴與支持的出口。

第三節　服務人員的情緒智力修練

綜合觀點

服務人員的情緒智力，決定了其在奧客壓力下的應對韌性與專業穩定度。透過自我覺察、自我調節、動機管理、同理心與社交技能的全方位修練，結合企業的培訓與支持制度，才能讓服務人員在情緒暗潮洶湧的消費戰場中，如同心理戰士般應對自如，既守住專業，也守護了自己的心理健康。

第四節　挫折容忍與壓力調適技術

在服務前線，面對奧客的挑釁、誇大批評與不合理要求，服務人員不僅需展現情緒智力，更需具備強大的「挫折容忍力」與「壓力調適技術」。挫折容忍力指的是個體面對困難、挫敗或不公時，能保持心理平衡與適應力的能力，這是維繫服務品質與員工心理健康不可或缺的心理素養。

挫折容忍的心理機制

心理學家亞伯特・艾利斯（Albert Ellis）提出，低挫折容忍（Low Frustration Tolerance, LFT）是許多情緒失控與行為失衡的心理根源。在遇到困難時，容易產生「我不能忍受」、「這不公平」的絕對化思維，導致情緒激烈反應。

對服務人員而言，提升挫折容忍力，便是打破這種非理性信念，轉為「雖然不愉快，但我可以應對」、「這是工作的一部分」的心理姿態，從而減少因顧客不當行為而產生的負面情緒與倦怠感。

挫折容忍的實務訓練

1. 理性情緒行為治療（REBT）練習

- 辨識非理性信念：如「顧客不能這樣對我」的絕對化思維。
- 轉換為理性信念：「雖然顧客無禮，但我有方法應對。」

2. 情緒 ABC 模型

- A（事件）：顧客不當指責。
- B（信念）：若認為「這讓我受辱」，情緒會激烈。

- C（情緒）：產生憤怒、委屈。

經由調整 B 的信念，轉化對 A 的反應，降低 C 的負面情緒。

3. 挫折情境模擬

定期進行情境模擬，讓服務人員在「受辱、被誤解、被投訴」的虛擬場景中練習心理調適與應對。

壓力調適的實用技術

1. 身體放鬆訓練

- 漸進式肌肉放鬆法：透過輪流緊繃與放鬆肌肉群，釋放身體壓力。
- 正念冥想：專注當下呼吸與感官，降低壓力荷爾蒙。

2. 情緒轉化策略

- 換框法：將負面情境轉為學習機會，如「今天又學會了應對高壓顧客的方式」。
- 自我激勵語言：「我已經成功處理過更糟的客訴，這次我也可以。」

3. 壓力日誌

記錄每日壓力來源、應對方式與情緒變化，提升壓力管理的自覺性與策略多樣性。

組織層面的壓力管理支持

(1)情緒宣洩空間：設置員工休息室或情緒舒緩室，讓服務人員在高壓後有紓壓場域。

(2)心理健康諮商：企業提供定期心理諮商服務，協助員工面對持續性的職場壓力。

(3)彈性排班制度：避免長時間連續高壓工作，降低職場疲勞。

壓力調適與職場幸福感

研究顯示，具備良好壓力調適能力的服務人員，能更快從負面情緒中復原，對職場的滿意度與幸福感也顯著提升。企業若能系統性培養員工的挫折容忍與壓力調適力，不僅減少離職率，更提升整體服務品質與顧客滿意度。

綜合觀點

挫折容忍與壓力調適是服務人員面對奧客與高壓挑戰時的雙重心理盾牌。透過認知調適、情緒轉化與身體放鬆的多元技術，加上企業的組織支持，服務人員才能在職場戰場上，保有心理的韌性與專業的穩定，最終在高壓下也能保持心理免疫力，持續展現優質服務。

第五節　危機心理學在現場應用的四部曲

服務前線不僅是顧客情緒的壓力鍋，更是心理危機管理的第一線。危機心理學強調，當人處於情緒失控、認知扭曲或威脅感極高的情境時，若無及時且有系統的心理干預，極易演變為難以收拾的衝突或組織風險。對服務人員而言，掌握危機心理學的「現場應用四部曲」，即為在高壓情境下有效止血與修復的關鍵。

第一部曲：辨識危機信號

危機的前兆往往來自顧客情緒、語言與非語言的微妙變化，服務人員需敏銳辨識以下信號：

- 語言激化：用詞開始出現「絕對」、「不說明就怎樣」等極端語句。
- 肢體張力：手部握拳、拍桌、站立威脅等攻擊性肢體動作。
- 情緒突破點：顧客從陳述問題轉為情緒宣洩，如哭泣、咆哮或無意義重複控訴。

辨識信號後，服務人員需立即判斷情緒風暴是否有擴大風險，並進入第二部曲。

第二部曲：情緒去激化

此階段的目標是讓顧客情緒降至理性可對話的水準，去激化的核心策略包括：

- 鏡映式語言：反映顧客的情緒與立場，如「我聽得出來這真的讓您感到被忽視。」

- 非對抗式回應：以「讓我理解一下您的訴求……」等方式避免正面衝突。
- 降低語速與音量：透過聲音的降幅，影響對方的情緒節奏。
- 身體語言同步：適度的點頭、姿態柔和，讓對方感到被尊重與理解。

第三部曲：問題聚焦與資源調度

當情緒稍緩，進入理性對話階段，服務人員需：

- 聚焦問題本質：「我們現在最需要解決的是……對吧？」
- 確認期望範圍：「您的期望是退貨、換貨還是其他方式？」
- 資源調度：評估能動用的內部資源，如主管協助、制度性補償或專案處理權限。

此階段的重點在於讓顧客感受到「問題正被具體處理」，避免情緒反覆波動。

第四部曲：情緒修復與信任重建

危機處理的最終關鍵在於情緒修復，服務人員需：

- 二次確認情緒：「除了這個問題，有沒有其他讓您不舒服的地方？」
- 正向未來承諾：「我們會將這次經驗反應給主管，避免再發生。」
- 建立後續追蹤：「我會在三天內再與您確認處理進度，讓您放心。」

情緒修復不僅止於當下，更需透過後續的持續關心與回饋，修復顧客對品牌或企業的信任感。

組織層面的危機應對機制

企業應：

- 建立危機應對 SOP，讓服務人員明白四部曲的操作步驟。
- 定期訓練危機溝通技巧，如非暴力溝通、情緒去激化工作坊。
- 建立「心理危機升級處理」制度，當前線無法處理時，能迅速由資深人員或情緒專責介入。

綜合觀點

危機心理學的現場應用四部曲，讓服務人員能在奧客或極端情緒顧客面前，不再只是消極承受，而是具備系統化的「心理干預工具」。透過辨識信號、情緒去激化、問題聚焦與情緒修復的流程，結合組織的制度與資源，服務現場不僅止於止血，更能在一次次的危機中轉化為品牌信任的累積與組織韌性的強化。

第六節　心理韌性與壓力下的心理免疫

在服務前線，持續面對奧客、極端情緒與高壓情境，對服務人員的心理構成長期挑戰。若缺乏堅實的心理韌性與有效的心理免疫機制，服務人員極易陷入情緒耗竭、職場倦怠甚至心理創傷。心理韌性與心理免疫並非與生俱來，而是透過後天訓練、經驗累積與組織支持逐步建構的心理防護力。

心理韌性的核心定義與特質

心理韌性（Resilience）指的是個體在面對逆境、壓力或創傷時，能快速恢復心理平衡並持續前行的能力。其核心特質包括：

- 情緒穩定性：面對壓力能維持情緒不被輕易帶動或崩潰。
- 適應靈活性：能依據不同情境調整應對策略，找到最佳應變方式。
- 持續正向信念：即便處於困境，仍相信自己有能力解決問題。
- 自我修復力：心理受挫後，能透過內在資源與外部支持快速恢復。

壓力下的心理免疫機制

心理免疫（Psychological Immunity）是指個體在長期壓力或反覆挫折下，透過一套心理防護系統抵禦壓力對身心的侵蝕。這套系統涵蓋：

- 認知抗體：即理性思考與換框能力，將負面事件轉為學習或成長的契機。
- 情緒抗體：透過情緒調節技巧，減緩壓力對情緒的侵襲。
- 行為抗體：養成正向行為模式，如規律運動、休閒嗜好，作為壓力的出口。

心理韌性的培養技術

1. 成長型心態訓練

- 鼓勵員工將每次奧客應對視為能力提升的機會，而非單純的折磨；
- 設計「挑戰日誌」，記錄每次高壓應對後的學習點與成長心得。

2. 正念與冥想訓練

正念練習有助於強化自我覺察與情緒調節，透過每日 10 分鐘的冥想，提升心理韌性基礎。

3. 復原力對話訓練

教導員工在自我對話中使用支持性語言，如「我過去也曾度過更艱難的場面，我做得到。」

組織層面的心理免疫強化

1. 情緒健康計畫

企業設置心理健康日，透過團體諮詢、紓壓工作坊等活動提升員工心理免疫力。

2. 情緒回饋機制

建立匿名回饋管道，讓員工可將面對的情緒困擾反映給人資或心理師。

3. 危機後心理復原機制

針對重大客訴或極端顧客事件，企業應設置心理諮商或團體支持系統，協助員工快速復原。

第五章 情緒管理與心理干預：服務前線的抗奧術

實務應用：心理韌性自我檢測

服務人員可透過以下問題檢測自身心理韌性：

- 面對奧客壓力時，我是否能在下班後迅速抽離情緒？
- 在應對衝突後，我是否能找到至少一個學習或成長點？
- 我是否有定期的紓壓活動或支持圈？
- 每當情緒低落時，我是否有自我激勵的對話語句？

若多數問題回答「否」，便需積極透過上述訓練與組織資源強化心理韌性。

綜合觀點

心理韌性與心理免疫是服務人員在情緒風暴中自我保護的雙重盔甲。當個體具備情緒穩定、適應靈活、正向信念與自我修復力，加上企業提供的心理健康支持與復原機制，便能讓服務人員在再多的情緒攻擊與高壓挑戰中，依舊能守住專業、維持尊嚴，並在職場中持續健康與成長。

第七節　跨文化情緒管理的應用場景

在全球化的消費環境下，服務前線的工作人員愈來愈常遇到來自不同文化背景的顧客。這些顧客不僅在語言、行為習慣上有差異，更重要的是在情緒表達、對待服務的態度與期待上，呈現出顯著的文化差異。若服務人員未能掌握跨文化情緒管理的技巧，輕則導致溝通誤解，重則演變為文化衝突，甚至傷害品牌形象。

跨文化情緒表達的差異

文化心理學研究指出，不同文化對情緒的表達與解讀存在根本差異：

- 高語境文化（如日本、韓國、臺灣）：強調含蓄、間接的情緒表達，重視非語言訊號與場合適當性。
- 低語境文化（如美國、德國、澳洲）：鼓勵直接、明確的情緒與意見表達，注重個人主張。

當來自低語境文化的顧客在亞洲地區直接表達不滿時，服務人員若未理解這是文化習慣而非無禮，容易產生錯誤判斷與情緒防衛。反之，來自高語境文化的顧客即便不滿，也可能透過沉默、冷淡或非語言訊號表達，若服務人員察覺不及，便會錯失即時處理的契機。

跨文化情緒管理的核心原則

1. 情緒解讀去偏誤

服務人員需學習辨別「文化性情緒表達」與「個人性格問題」的區別，避免將文化習慣誤解為針對個人。

2. 文化敏感性培養

建立基本的跨文化認知，如美國顧客偏好直白、日韓顧客重視細節與禮節、法國顧客重視品味與專業表現。

3. 雙向調適策略

對直接型文化顧客，適度迎合其溝通風格；對含蓄型文化顧客，需主動釋放關心與問題挖掘的意圖。

跨文化應用場景示例

1. 航空業

面對歐美旅客，空服員需準備清晰、直接的說明與選項；對日本旅客，則需在表達時增加敬語與非語言的尊重表現。

2. 飯店接待

德國顧客重視效率與準時，服務需強調流程標準與準確性；韓國顧客則期待細緻的關懷與個別化服務。

3. 精品銷售

法國顧客欣賞專業而非過度熱情的服務，服務人員需展現產品知識與品味；東南亞顧客則偏好溫馨、情感連結強的應對方式。

跨文化情緒調適的話術設計

1. 面對直率型顧客

「感謝您直接告知，這讓我們能更快找到解決方案。」

2. 面對含蓄型顧客

「若您有任何不便或期待,請隨時告訴我們,您的感受對我們很重要。」

組織的跨文化訓練與制度

1. 文化智商(CQ)訓練

企業應定期為服務人員提供文化智商培訓,提升跨文化辨識與應對能力。

2. 多語言與非語言訊號指引

設置文化差異與應對話術的操作手冊,協助員工快速判斷顧客屬性與應對策略。

3. 文化顧問或專責支援

大型組織可設立文化顧問,協助制定符合多元文化的服務標準與危機應對機制。

綜合觀點

跨文化情緒管理是服務專業進階的必修課。透過理解文化背後的情緒表達差異,結合靈活的應對話術與組織制度支援,服務人員不僅能降低文化衝突的風險,更能在多元顧客互動中展現高度的專業素養與心理韌性。最終,企業也能因跨文化應對的卓越,建立全球市場中的品牌信任與尊重。

第五章　情緒管理與心理干預：服務前線的抗奧術

第八節　案例：ANA全日空的乘客情緒管理策略

在全球航空業中，日本的 ANA 全日空航空公司以卓越的服務品質與細膩的情緒管理著稱。面對不同國籍、文化與性格的乘客，尤其是處理乘客情緒問題時，ANA 展現了獨特且系統性的應對策略。本節將以全日空的實務案例為核心，解析其如何運用情緒管理、文化敏感度與溝通藝術，化解高壓飛行中的乘客服務挑戰。

案例背景

一班自東京飛往舊金山的 ANA 航班上，一名來自歐美的男性乘客因座位安排與預期不符，當場情緒爆發，不僅言語指責空服員，更威脅要在抵達後向媒體與社群揭露 ANA 的「不專業」。面對這種文化背景迥異且情緒強烈的乘客，ANA 空服員與組織如何處理，成為跨文化情緒管理的經典範例。

ANA 的情緒管理應對流程

1. 第一時間的情緒共感

空服員先以英語穩定而誠懇地回應：「我能理解您的不滿，若是我遇到這樣的情況也會感到困擾。」透過情緒鏡映降低對方防衛。

2. 文化敏感性對應

針對歐美顧客偏好直接溝通的特性，空服員並未使用過多的敬語或迂迴方式，而是開門見山提供問題解決選項：「目前的座位安排有以下兩種調整方式，請問您希望我們如何協助？」

3. 時間緩衝與權威介入

當乘客仍不滿意時，空服員請資深座艙長進場。座艙長除重申解決方案外，亦承諾將該事件回報地勤部門，並在乘客下機前提供書面說明與客服聯絡資訊，強化專業處理的信任感。

4. 後續追蹤

ANA 客服部門於乘客抵達後 24 小時內主動發送關懷郵件，致歉並確認是否仍有未解決的問題，展現企業的服務誠意與責任感。

ANA 情緒管理的核心策略

1. 文化智商的應用

員工訓練涵蓋文化差異辨識與對應話術，特別針對歐美與亞洲乘客的情緒風格差異，設計差異化應對策略。

2. 情緒去激化的話術模組

不少航空公司及服務業者，為有效應對顧客的不同情緒強度通常會設計「情緒等級應對話術」，針對不同強度的情緒反應，對應不同層級的應對人員與回應語言。

3. 分層權責系統

空服員可依照現場情緒強度，決定是否立即請資深座艙長或機長介入，確保情緒管理的即時與層級對應。

組織制度支援

ANA 在組織制度上，設置了完善的情緒管理支援系統：

- 文化顧問團隊：專責分析各國旅客的文化特性與情緒表達差異，並轉化為內部訓練內容。
- 服務行為模擬訓練：定期進行情境演練，讓員工熟悉在高壓環境下的應對節奏與話術運用。
- 心理健康支援：對於遭遇嚴重乘客服務壓力的員工，提供心理諮商與情緒復原課程，防止職場心理耗竭。

案例啟示

ANA 的案例顯示，情緒管理不僅是前線人員的個人能力，更需仰賴組織性的策略設計、文化智商的內化與制度的持續支援。當企業能從文化敏感度、情緒去激化話術、權責分層與心理支持多管齊下，不僅能妥善處理跨文化的情緒衝突，更能在全球服務競爭中，建立難以取代的品牌信任與服務聲譽。

綜合觀點

ANA 全日空的乘客情緒管理策略，讓我們看見情緒管理的專業不僅止於「應對」，而是一套結合文化辨識、組織支援與心理韌性的立體系統。這套系統不僅降低了服務現場的情緒風險，更提升了企業的服務標準與國際競爭力，成為全球服務業界值得借鏡的情緒管理典範。

第六章
品牌信任的防禦：
企業如何抵禦奧客衝擊

第六章　品牌信任的防禦：企業如何抵禦奧客衝擊

第一節　品牌信任的心理基礎

在現代消費市場中，品牌信任已成為企業維繫顧客關係、抵禦市場風險與應對奧客衝擊的核心資本。品牌信任不僅是一種消費偏好，更是一種深層的心理依附與安全感的投射。理解品牌信任的心理基礎，有助於企業在面對奧客衝擊、負評風暴與市場競爭時，建立堅不可摧的心理防線。

品牌信任的定義與構成要素

心理學視角下，品牌信任指的是消費者對企業及其產品或服務「能夠持續提供預期價值與承諾」的信念與依賴。其核心構成要素包括：

- 可靠性（Reliability）：品牌能否穩定地履行承諾，如產品品質、售後服務等。
- 誠信（Integrity）：品牌是否展現透明、公平與道德標準，尤其在爭議與危機時刻。
- 同理心（Empathy）：品牌是否能理解並回應顧客的需求與情緒，建立情感連結。

心理安全感的建立

信任的建立本質上是「降低不確定性」的心理機制。當顧客選擇某品牌，實際上是在尋求一種「消費決策的心理安全感」。若品牌能長期提供一致的體驗、誠信的處理態度與情感共鳴，就能在顧客心中形成「信任慣性」，即使偶有失誤或奧客攻擊，也較不易動搖其整體評價。

信任形成的心理歷程

1. 經驗信任

源自顧客過往的正面體驗,形成「品牌不會讓我失望」的信念。

2. 社會信任

透過他人推薦、口碑與媒體報導建立的信任感,特別是名人或權威的背書。

3. 情感信任

品牌透過情感溝通、價值主張與文化符碼,與顧客建立情感連結,強化心理依附。

品牌信任的心理效應

品牌信任一旦建立,能產生以下心理效應:

- 風險容忍度提升:顧客對品牌偶爾的失誤或負面消息有更高的容忍度與理解。
- 認知偏誤:信任品牌的顧客更傾向於「正向解釋」品牌的負面事件,這是「光環效應」的延伸。
- 情緒緩衝:在遭遇奧客攻擊或市場負評時,品牌信任能成為情緒緩衝帶,降低公眾對品牌的敵意。

組織層面的信任建構策略

(1) 一致性經營:從產品設計、服務流程到溝通語言,維持品牌形象與體驗的一致性。

(2)危機處理透明化：發生爭議時，迅速公開事實、承擔責任並提出解決方案，強化誠信形象。

(3)顧客參與設計：透過顧客意見回饋、共創活動等，讓顧客參與品牌成長，增加心理認同感。

(4)情感溝通：不只賣產品，更透過品牌故事、社會責任行動等，建立與顧客的情感連結。

綜合觀點

品牌信任是企業面對奧客衝擊與市場變動時，最強大的心理護城河。當企業理解並運用信任的心理基礎，從誠信經營、透明溝通到情感連結多管齊下，便能在消費者心中築起難以撼動的信任堡壘。這不僅能抵禦負面評價的侵蝕，更能在危機過後，轉化為品牌聲譽與市場競爭力的雙重增強。

第二節　品牌形象與奧客攻擊的心理威脅

　　品牌形象是企業在消費者心中所塑造的綜合性心理認知，它不僅關乎企業的外在符號與視覺辨識，更深植於消費者對品牌的信任、情感與價值觀的投射。當奧客對品牌發動攻擊，真正受損的往往不是單一事件，而是品牌形象的心理結構。理解品牌形象的心理組成與奧客攻擊的心理威脅，有助於企業及早部署品牌防禦機制。

品牌形象的心理結構

　　(1) 視覺與符號記憶：如 LOGO、包裝、廣告設計，這些視覺符號建立消費者的第一層印象。

　　(2) 品牌人格：品牌被賦予的性格特質，如誠信、創新、親和，這是消費者與品牌建立情感連結的橋梁。

　　(3) 情緒投射：消費者在使用品牌時的情緒經驗，如安心、快樂、驕傲，構成品牌的情緒記憶。

　　(4) 價值認同：品牌所代表的文化與價值觀，如環保、公益、公平交易，讓顧客在消費中實現自我價值的延伸。

奧客攻擊對品牌形象的心理威脅

1. 形象破壞性敘事

　　奧客往往不只針對單一事件，而是將品牌全盤否定，透過社群、媒體放大「這家品牌沒誠信」、「服務極差」的形象汙點。

2. 情緒汙染效應

透過情緒化的評論與指控，讓其他消費者對品牌產生情緒感染，形成「這品牌是不是有問題」的集體心理疑慮。

3. 信任侵蝕效應

即便顧客過往對品牌有正面評價，奧客的強力攻擊也可能動搖信任基石，特別是品牌處理失當或溝通不透明時。

心理學視角下的品牌防衛機制

1.「光環效應」的維持與修復

強化品牌正面形象資產，讓消費者在面對負評時，傾向以「例外事件」解釋，避免整體信任崩壞。

2.「認知定錨效應」的固化

透過持續且一致的品牌訊息，讓消費者對品牌形成穩固的正面認知，即便遭遇負面消息，仍以過往正面經驗為認知基準。

3.「情緒補償機制」的啟動

發生爭議後，透過品牌情緒行銷、公益參與等，重建消費者的情感連結，形成心理上的補償與平衡。

組織的品牌形象鞏固策略

1. 品牌人格的一致表現

從客服、行銷到公關，每一個品牌接觸點都需展現統一的品牌人格，避免因應對風格不一而削弱形象。

2. 負評管理的專業化

建立負評即時監控與應對機制,讓品牌能在負面聲量萌芽階段即時澄清與溝通。

3. 顧客共創與參與

透過顧客社群、品牌共創計畫,強化顧客對品牌的情感認同與防禦意識,形成「品牌守護者」。

綜合觀點

奧客攻擊對品牌形象的威脅,不僅在於直接的商譽損傷,更在於心理層面的信任侵蝕與情緒汙染。企業若能深刻理解品牌形象的心理結構,並透過人格一致、情緒補償與顧客共創等策略,便能在奧客的情緒攻擊下,穩固品牌的心理堡壘,維繫消費者的情感忠誠與市場競爭力。

第六章　品牌信任的防禦：企業如何抵禦奧客衝擊

第三節　品牌聲譽的心理防禦機制

　　品牌聲譽是企業在市場與公眾心中的綜合性社會評價，這種評價並非僅來自行銷塑造，而是長時間累積的信任、價值實踐與公眾口碑的總合。當奧客發動攻擊，企業若無完善的品牌聲譽心理防禦機制，極易因一次風暴而導致長期累積的品牌聲譽崩毀。理解聲譽背後的心理運作邏輯，是企業防禦奧客攻擊與負評風暴的核心基礎。

品牌聲譽的心理建構要素

　　(1)累積性記憶：公眾對品牌的評價來自過去接觸、媒體報導與社會討論的長期記憶堆疊。

　　(2)一致性形象投射：品牌在各接觸點的表現是否一致，形成公眾「這個品牌始終如一」的印象。

　　(3)情感投射與價值共鳴：品牌是否與公眾的情感需求與價值觀對齊，形成情感上的認同與依附。

品牌聲譽的心理防禦機制

1. 預設信任屏障

　　當品牌長期維持正面形象，公眾對負面消息的第一反應傾向於懷疑或理性等待，而非立即相信。這是一種「信任緩衝區」。

2. 社群信任盾牌

　　建立強大的顧客社群，當品牌遭遇攻擊時，忠誠顧客自發為品牌發聲，形成「品牌守護者」效應。

3. 情緒修復工程

針對負面事件，透過情緒性溝通與價值表態，如公益捐助、社會責任實踐，進行群體情緒修復與信任重建。

4. 專業與權威背書

透過第三方權威、專業認證或業界口碑為品牌發聲，減弱奧客攻擊的公信力與影響力。

心理學視角的聲譽鞏固策略

1.「首因效應」強化

品牌在公眾心中的第一印象若足夠正面，後續的負面資訊影響力將被削弱。

2.「確認偏誤」的運用

強化公眾對品牌的正面認知，讓消費者即便遇到負評，仍傾向尋找正面佐證以確認自己的信任是正確的。

3.「群體認同」的建構

透過品牌社群活動、VIP 會員制度等，讓消費者因「我也是這品牌的一分子」而產生防禦性心理，主動抵禦外界對品牌的攻擊。

組織的制度性防禦設計

（1）聲譽風險預警系統：運用 AI 或大數據監控網路聲量與社群情緒，及早預測聲譽風險點。

（2）跨部門危機應對小組：結合公關、法務、行銷與客服，快速協作處理聲譽風險事件。

(3)品牌正面資產累積計畫：長期投資於品牌公益、永續發展等形象工程，讓品牌形成深厚的社會信任基礎。

綜合觀點

品牌聲譽的心理防禦，不僅是企業公關的防線，更是公眾心理認知的護城河。當企業能透過信任屏障、社群盾牌、情緒修復與專業背書，建立起完整的聲譽防禦機制，即便面對再強烈的奧客攻擊與市場負評，也能穩如泰山，將危機轉為強化品牌價值與市場影響力的契機。

第四節　危機溝通的心理節奏與策略

當品牌面對奧客攻擊、負評風暴或突發危機，單靠事後的補救與澄清往往力有未逮。真正有效的危機處理，取決於企業是否掌握「心理節奏」的節點，並在關鍵時刻以正確的溝通策略化解情緒，穩定公眾信任。危機溝通是一場心理戰，了解群眾心理的變化曲線，才能讓品牌在風暴中維持主導權。

危機心理的階段節奏

(1) 情緒爆發期：危機初期，群眾情緒高漲，恐懼、憤怒、猜疑等情緒快速蔓延。

(2) 訊息混亂期：大量訊息（真實與謠言）湧現，公眾難以判斷真相，認知焦慮上升。

(3) 理性評估期：情緒退潮後，群眾開始尋求事實與合理解釋。

(4) 信任重建期：公眾期待企業負責、透明並提出解決方案，重建信任基礎。

危機溝通的心理對應策略

1. 即時回應—情緒安撫優先

- 在情緒爆發期，第一時間應以情緒共感、安撫為主，如「我們了解大家的擔憂，正全力調查中」。
- 此時不宜急於辯解，避免激發群眾的「敵意確認偏誤」。

2. 透明資訊－阻斷謠言擴散

- 在訊息混亂期，主動釋出透明、可查證的資訊，避免訊息真空導致謠言蔓延。
- 使用多元管道如官方聲明、記者會、社群即時更新，維持品牌話語權。

3. 專業權威－建立認知權威性

- 聯合專家、第三方機構背書，讓公眾相信品牌的處理過程具專業性與權威性。
- 減少「我們說」而是「專家說」，提高說服力。

4. 情緒修復－情感連結再造

- 在理性評估期後，透過情感性溝通，如「我們深感歉意，並願意承擔全部責任」，修復公眾情緒。
- 運用品牌故事、企業文化等，加深情緒連結。

5. 解決方案－信任重建核心

- 提出具體、可行的解決方案與預防措施，讓公眾看到行動而非僅止於承諾。
- 設置持續追蹤與公眾回饋機制，展現品牌的持續關注與責任。

組織層面的危機溝通制度

（1）危機情境模擬訓練：定期演練各類危機的心理節奏與溝通流程，提升組織應變力。

(2)跨部門快速應變機制：設立危機溝通小組，結合公關、法務、行銷、客服與心理顧問，協同應對。

(3)心理顧問介入：聘請心理學專家協助制定群體情緒管理策略，避免溝通誤踩情緒雷區。

綜合觀點

危機溝通不僅是信息管理，更是對群眾心理節奏的掌握。企業唯有在情緒爆發、訊息混亂、理性評估與信任重建四個心理階段，對應適切的策略與溝通語言，才能在風暴中心穩固品牌信任，最終將危機轉化為品牌韌性的展現與品牌價值的再升級。

第五節　公共關係的心理修復技法

當品牌經歷奧客攻擊、負評風暴或公關危機後，單靠危機溝通的即時應對往往無法全面修復公眾心理的信任缺口。此時，公共關係的心理修復技法便成為品牌聲譽重建的關鍵。心理修復的本質在於，透過策略性溝通與行動，修補消費者、媒體與社會大眾對品牌的情感裂痕與認知陰影。

公共關係的心理修復核心原則

1. 情感共感與誠意展現

品牌必須展現對消費者情緒的深刻理解與真誠態度，避免敷衍與制式化回應。

2. 錯誤承擔與價值回歸

對於品牌應承擔的部分，必須勇於承認並公開承諾改進，同時重申品牌的核心價值與理念，讓公眾看到品牌的道德定位。

3. 行動補償與社會回饋

不僅提出修正方案，更需透過實際行動補償受影響的消費者，並將危機轉化為對社會的正向回饋。

心理修復的階段性策略

1. 情緒緩衝期的共感溝通

- 透過品牌代言人、CEO 或具情感代表性的人物出面，以「人」的語言表達理解與歉意。
- 運用品牌社群、媒體專訪或公開信，展現品牌對事件的重視與誠意。

2. 認知重構期的資訊透明

- 詳細公開事件真相、調查結果與改進方案，避免資訊不對稱造成的信任缺口。
- 運用圖文、影音等多元形式，讓公眾清楚了解品牌的努力與行動。

3. 信任重建期的價值強化

- 透過品牌核心價值的再宣導，如永續經營、公益責任，強化品牌的社會意義。
- 設計品牌文化或理念的敘事，讓消費者重新連結品牌的正向形象。

4. 情感連結期的參與互動

- 啟動顧客共創計畫，如產品改良投票、服務優化意見徵集，讓消費者成為品牌修復過程的一員。
- 舉辦公益活動、社會關懷計畫，讓品牌透過社會價值的實踐，修復與公眾的情感連結。

公共關係工具的心理運用

（1）敘事行銷：透過真實、感人的品牌故事，重新塑造品牌的人格形象與情感共鳴。

（2）專家與權威背書：邀請產業專家、學者或第三方機構對品牌的改進與價值進行評價與推薦。

（3）媒體協作：主動與主流媒體、意見領袖合作，推動正面報導與深度分析，弱化負面印象。

(4)社群對話機制：在社群平臺建立常態性的對話與互動，及時回應消費者的疑慮與建議，維持品牌的社群溫度感。

組織層面的心理修復部署

1. 公共關係修復小組

設立專責團隊，結合公關、心理顧問、品牌行銷與法務，協同制定修復策略。

2. 品牌文化再造計畫

針對受損的品牌形象，進行文化理念、價值主張與品牌辨識的再塑造。

3. 心理健康支援

對內部員工提供心理支持，避免因危機壓力導致士氣低落或職場焦慮，確保品牌修復的內外一致性。

綜合觀點

公共關係的心理修復技法，不僅是危機後的形象修補，更是品牌價值與社會責任的再確認。透過情感共感、資訊透明、價值強化與社會參與的多層次策略，企業不僅能修復受損的品牌信任，還能在風暴過後，重塑一個更具韌性、更深植人心的品牌形象。這是品牌在變動市場中長存的心理資本與競爭優勢。

第六節　組織文化與品牌韌性的內建

　　在面對奧客攻擊、輿論風暴與市場壓力時，品牌的真正防線並非僅在公關或行銷部門，而是深植於企業的組織文化與內部韌性。品牌韌性不只是表面的危機應對，更是企業內在文化、價值信念與運作機制的總體展現。唯有當組織文化與品牌韌性深度融合，企業才能在各種衝擊中穩固立場，甚至轉危為機，強化品牌的市場地位與公眾信任。

組織文化的韌性基礎

1. 價值共識的內化

　　企業須將品牌核心價值（如誠信、創新、責任）內化為每一位員工的行為準則與工作信仰。

2. 透明與信任的組織氛圍

　　建立跨部門、上下層級的開放對話機制，讓資訊與情緒流通順暢，避免因資訊封閉而弱化危機應對力。

3. 持續學習與成長導向

　　培養組織在面對錯誤與挑戰時，能快速學習、調整並優化的文化基因。

品牌韌性的組織制度設計

1. 品牌守護者計畫

- 透過制度性設計，培養跨部門的「品牌守護者」，讓每位員工都能在各自崗位上守護品牌價值與聲譽。

- 例：每季舉辦「品牌價值實踐案例分享」，強化員工對品牌精神的理解與應用。

2. 危機應變文化的建構

- 定期進行危機情境模擬與應變訓練，讓危機管理不僅是流程，而是組織文化的一部分。
- 建立「錯誤即學習」的正向回饋機制，減少員工因害怕犯錯而隱匿問題的風險。

3. 內部溝通與心理安全

- 推動心理安全感的組織文化，讓員工敢於發聲、提出風險預警與創新建議。
- 設置「內部意見匿名回饋系統」，收集基層員工對品牌營運、服務現場的觀察與建議。

品牌韌性的心理支撐策略

1. 情緒韌性訓練

透過正念、壓力管理與情緒調適訓練，提升員工在面對高壓情境下的情緒穩定性。

2. 共創文化的推動

讓員工參與品牌創新、服務優化與社會責任專案，增強對品牌的心理歸屬感與個人意識。

3. 品牌精神的儀式化

透過年度品牌日、價值信念宣示等儀式性活動，強化員工對品牌核心價值的記憶與認同。

組織文化與品牌聲譽的連動效應

組織文化的強韌，直接影響品牌在外的聲譽管理與市場表現。當內部文化穩固，員工在面對奧客、媒體挑戰與市場競爭時，能自然展現與品牌一致的態度與應對方式，形成品牌一致性（Brand Consistency），進一步鞏固市場對品牌的信任與好感。

> **綜合觀點**
>
> 組織文化與品牌韌性的內建，是企業抵禦外部衝擊、維繫市場地位的根本。企業唯有將品牌價值深植於組織文化，並透過制度、訓練與心理支持全面強化內部韌性，才能在面對任何形式的奧客攻擊或市場風暴時，穩如磐石，持續發揮品牌的影響力與市場競爭優勢。

第七節　品牌故事與顧客情緒的再連結

在奧客攻擊與品牌危機過後，公關修復、制度調整與內部文化強化固然重要，但要真正修復顧客的情緒裂痕，重新穩固市場的情感認同，品牌故事的再連結扮演著關鍵角色。品牌故事不僅是行銷的包裝，更是情緒修復與信任重建的心理紐帶。

品牌故事的心理作用

1. 情緒共鳴的引擎

故事比數據與公告更能喚起情緒共鳴，讓顧客重新感受到品牌的溫度與誠意。

2. 價值認同的再建構

透過故事傳遞品牌的核心價值與使命，讓顧客重拾對品牌的價值共感。

3. 認知框架的轉換

將危機或負評透過敘事轉化為品牌成長、學習與蛻變的歷程，重塑顧客對事件的認知解讀。

品牌故事的再連結策略

1. 危機轉機型故事

敘述品牌在此次風暴中學到了什麼、改變了什麼，展現品牌的自省與成長。例：某品牌在食安風暴後，分享如何重新建立供應鏈透明化，並強化檢驗標準。

2. 創辦人或高層親述

由創辦人、CEO親自說明品牌的初心、對此次事件的反思與未來承諾，強化人性的溫度感。

3. 顧客參與型敘事

邀請顧客分享他們與品牌的正面經驗與故事，透過「品牌守護者」的真實敘述，重建市場對品牌的情感記憶。

4. 社會責任導向的再敘事

結合公益、永續行動等，讓品牌在社會角色的故事中被重新定位為有責任、有溫度的企業公民。

品牌故事重建的情緒語言策略

(1)誠懇與真摯：避免過度修飾或官方語言，讓顧客感受到真誠的情緒流露。

(2)具體與細節：以具體行動與改變細節作為故事支撐，避免空泛承諾。

(3)未來導向：強調品牌如何以此次經驗為鑑，邁向更好的服務與產品，營造希望與願景感。

故事傳播的多元載體

(1)紀錄片式影片：透過影像重現品牌歷程與轉變，增強情緒渲染力。

(2)深度專訪與媒體報導：與權威媒體合作，透過專業報導為品牌故事背書。

(3)社群故事行銷：利用 IG、Facebook 等平臺，以短影音、長文敘事等多元形式推動品牌故事的再傳播。

品牌故事再連結的組織支持

(1)品牌敘事團隊：建立專責的品牌內容與敘事團隊，持續蒐集、撰寫與優化品牌故事。

(2)內部共鳴工程：讓內部員工也參與品牌故事的共創與傳播，形成內外一致的情感連結。

(3)顧客共創平臺：設置平臺讓顧客分享與品牌的真實互動故事，形成社群性記憶庫。

綜合觀點

品牌故事不僅是形象塑造的工具，更是情緒修復與信任重建的心理武器。當品牌懂得用故事搭建起與顧客的情緒橋梁，讓市場重新感知品牌的溫度與價值，就能在經歷奧客攻擊與危機之後，重新贏回顧客的心，並以更堅實的情感紐帶維繫長遠的市場信任與品牌忠誠。

第八節　案例：IKEA 如何用品牌信任抗衡奧客

　　IKEA 作為全球知名的家居品牌，不僅以平價、高設計感的產品聞名，更以其獨特的品牌信任機制成功應對來自市場的奧客挑戰與公關危機。IKEA 的品牌信任並非單靠商品力或行銷話術，而是透過長期的顧客經驗管理、品牌故事深植、社會責任實踐與組織文化的韌性構築而來。

案例背景：退貨政策爭議與社群批評

　　在近年歐美市場中，IKEA 針對部分退換貨流程進行優化與標準化調整，引發消費者之間對新政策的討論。儘管網路上偶有顧客分享個人退貨經驗與看法，但整體而言，IKEA 仍維持其一貫的顧客服務原則，並透過清楚的規則、穩定的品牌信任機制，以及一致的顧客關係管理策略，持續穩固其在全球市場的形象與顧客忠誠度。

IKEA 的品牌信任防禦機制

1. 透明溝通與誠信承諾

- IKEA 第一時間針對退貨政策調整發布公開說明，詳細解釋調整原因與目標，強調以防止制度被濫用，同時保障多數顧客權益。
- 品牌透過透明、具體的資訊公告，避免消費者因資訊不對稱產生誤解與情緒對立。

2. 品牌故事的再連結

IKEA 在品牌溝通中重申「讓家更好」的核心使命，並以企業影片、社群貼文分享全球永續設計、回收再利用等品牌行動，讓顧客感受到品牌背後的社會價值與責任感。

3. 顧客參與式共創

IKEA 啟動「家中小革命」顧客共創計畫，鼓勵消費者分享如何透過 IKEA 產品改善居家生活，透過使用者生成內容強化顧客對品牌的參與感與情感連結。

4. 社群正向防禦

當奧客在社群發動攻擊時，IKEA 的忠實顧客社群自發性地為品牌發聲，透過個人經驗分享澄清謠言，形成「品牌守護者」的防禦網。

心理修復與情緒管理策略

（1）IKEA 在客服回應中，強調對顧客情緒的理解與共感，即便是面對不理性的投訴，仍以尊重與誠意回應。

（2）品牌內部設有情緒管理與壓力調適培訓，讓第一線人員能以專業與穩定的心理素養應對奧客挑戰。

品牌文化與組織韌性

（1）IKEA 的組織文化強調「樸實與尊重」，從內部員工訓練到顧客服務，均以這套文化價值貫徹始終，讓品牌在外的形象與內在文化高度一致。

（2）定期的危機應變演練與跨國溝通協調機制，讓品牌在面對多元市場的奧客行為時，能有一致性的應對節奏與策略。

第八節　案例：IKEA 如何用品牌信任抗衡奧客

> **綜合觀點**
>
> IKEA 如何用品牌信任抗衡奧客，展現了一套從品牌核心、顧客共創、情緒管理到組織文化的全方位韌性系統。品牌的信任資本並非一日之功，而是透過長期的價值實踐、透明溝通與情感連結所累積。正因為如此，當奧客挑戰來襲，IKEA 不僅沒有被動搖，反而透過信任與價值的再確認，強化了品牌的市場地位與公眾認同，成為全球企業抗衡奧客衝擊的經典範例。

第六章　品牌信任的防禦：企業如何抵禦奧客衝擊

第七章
消費心理學的轉化力：從投訴到擁護

第七章　消費心理學的轉化力：從投訴到擁護

第一節　消費動機的心理分析

　　消費行為並非單純的交易過程，而是心理動機、情緒需求與社會認同的綜合展現。唯有掌握消費動機背後的心理驅力，企業才能從根本理解顧客為何投訴、抱怨，甚至轉向忠誠與擁護，進一步設計出有效的轉化策略。

消費動機的多重心理驅動

　　(1)功能需求：解決實際問題或滿足生活所需，如購買家電以改善生活便利。

　　(2)情緒補償：透過消費填補情緒缺口，如因壓力或情緒低落而購買慰藉性商品。

　　(3)社會認同：追求群體歸屬或階層象徵，如名牌消費、潮流單品的追隨。

　　(4)自我實現：透過消費彰顯個人價值與品味，如支持環保品牌以實踐綠色生活理念。

投訴與抱怨的心理機制

　　投訴行為多源於消費動機未被滿足所引發的「期待落差」，心理學中稱為「期望確認理論」（Expectation Disconfirmation Theory）。當顧客期待高於實際體驗，便產生負面情緒，進而以抱怨、投訴形式表達不滿。

　　此外，投訴也具有心理宣洩與控制感重建的功能。透過投訴，顧客試圖重新掌控原本失衡的消費經驗，並在權力感上取得補償。

顧客心理轉化的動力點

（1）被理解的情緒需求：當企業能感同身受到顧客的不滿情緒，顧客便容易由敵意轉為理解。

（2）補償性行動的提供：透過補償、致歉或改善承諾，滿足顧客的控制感與公平感，促進情緒修復。

（3）參與感與尊重：讓顧客參與解決方案的制定，提升其對品牌的參與度與認同感。

實務應用：轉化策略設計

（1）情緒同理話術：「我能理解這樣的情況讓您感到困擾，我們非常重視您的感受。」

（2）問題解決共創：「為了讓這樣的情況不再發生，您是否願意分享更多寶貴意見？」

（3）正向補償方案：如 VIP 專屬折扣、定制化服務或未來消費優惠，將負面經驗轉為再次消費的動力。

綜合觀點

消費動機的心理分析揭示，投訴與抱怨背後潛藏的並非純粹的對抗，而是未被滿足的情緒與需求。企業若能洞悉這些心理驅力，並透過情緒共感、補償機制與參與設計，便能將投訴的對立情緒轉化為品牌優化的機會，最終實現從投訴到擁護的心理轉化，塑造更深層次的顧客忠誠。

第二節　認知失調與抱怨行為的轉換

認知失調的心理基礎

消費過程中，當顧客的期待與實際體驗產生落差，心理學中的「認知失調理論」（Cognitive Dissonance Theory）便被激發出來。這一理論由心理學家里昂・費斯廷格（Leon Festinger）於 1957 年提出，主張當個體的信念、態度與行為出現不一致時，會引發心理不適，進而啟動調適行為以消弭不協調感。

例如：顧客購買高價位產品時，原先認為「高價必有高品質」，若實際體驗未達預期，便在「付出高價」與「品質不符」間產生不協調。為了平衡心理不適，顧客可能選擇投訴、抱怨，甚至在社群媒體上發表負評，以修正自己「我不會做錯誤選擇」的認知自尊。

抱怨作為心理平衡機制

抱怨行為不僅是對服務的不滿反應，更是認知失調下的自我平衡機制。當顧客透過抱怨向外界訴求正義與補償時，其實也是在修復自我價值感與決策合理性的信念。這層機制尤其在社交平臺普及後被放大，因為公開抱怨除了宣洩情緒外，還可能獲得群體共鳴與支持，進一步強化顧客的自我價值認同。

抱怨轉換的心理槓桿

企業若能妥善運用以下心理槓桿，便能將抱怨行為轉為改善契機：

1. 正向重構（Positive Reframing）

協助顧客重新解釋不滿經驗，讓其感受到企業的重視與學習意圖。例如：「感謝您指出這樣的細節，讓我們有機會發現不足。」

2. 增強顧客自我效能感

透過讓顧客參與改善過程，使其感受到自身回饋能影響企業，進而滿足心理上的「影響力」需求。

3. 補償與正義修復

透過具體的補償措施，不僅彌補經濟損失，更修復「公平正義」的感知，讓顧客感覺「錯誤得到了正視與糾正」。

從抱怨到擁護的轉換路徑

要促成從抱怨到擁護的轉變，企業需掌握以下心理節奏：

- 即時回應：縮短顧客等待回應的時間，因為等待會放大不滿。
- 深度傾聽：不僅聽問題表層，更挖掘背後的情緒需求。
- 情感修復：道歉時必須針對情緒層面，而非僅僅事實澄清。
- 正向回饋設計：如顧客回饋後獲得專屬優惠，進一步強化其參與感。

第七章　消費心理學的轉化力：從投訴到擁護

> **綜合觀點**
>
> 認知失調與抱怨行為的轉換，實質上是一種心理修復的過程。企業的對應策略若僅止於事務性處理，無法滿足顧客情緒與認知的平衡需求，終將錯失扭轉的契機。透過正向重構、補償設計與自我效能的提升，企業不僅可以化解投訴，還能塑造一種「願意傾聽與改進」的品牌形象，讓顧客從抱怨者轉變為品牌擁護者，進而形成正向的口碑循環。

第三節　顧客滿意度與心理曲線理論

顧客滿意度的心理結構

顧客滿意度並非單一的消費經驗評價，而是顧客在整個購物歷程中的情緒反應、價值判斷與心理預期的綜合體。它是一種動態心理曲線，隨著服務接觸的每一個節點而波動。滿意度的高低，決定了顧客是否再次消費，甚至進一步成為品牌的忠誠擁護者。

情感曲線理論的概念

情感曲線是一個在客戶體驗管理方面有用而且形象的工具⋯⋯情感感受不僅源於體驗本身，亦關乎期望，顧客在消費過程中，其情緒與認知體驗如同曲線般呈現「起伏變化」。

- 初期預期區段：顧客在消費前對品牌或產品的心理預期，這決定了滿意的起點。
- 體驗高峰區段：在消費過程中，若有驚喜、超越預期的服務或產品，滿意度曲線急速上升。
- 危機轉折區段：若體驗中出現不如預期的環節，曲線將迅速下滑。
- 修復與補償區段：透過即時的補救或情緒撫慰，滿意度曲線有機會回升，甚至超越原有水準。
- 記憶封存區段：顧客最終對整體經驗的記憶與評價，形成滿意度的記憶定錨，影響其未來消費行為。

第七章　消費心理學的轉化力：從投訴到擁護

滿意度轉化的心理槓桿

1. 超預期策略

在關鍵接觸點設計「驚喜服務」，如生日當月贈品、VIP 專屬福利，提升滿意度曲線高峰。

2. 及時修復機制

當顧客表現出不滿苗頭時，立即透過補償、致歉或優化方案挽救滿意度曲線的下滑。

3. 情緒記憶塑造

讓顧客在結束消費後，透過感謝回饋、問候或個性化的後續關懷，強化記憶封存區段的正面印象。

> **綜合觀點**
>
> 顧客滿意度如同一條心理曲線，企業若能精準掌握每一個影響曲線波動的關鍵點，並透過超預期設計、及時修復與情緒記憶塑造，不僅能穩定顧客關係，還能在市場競爭中打造情緒溫度與滿意度兼具的品牌優勢。這不僅是滿意度的提升，更是品牌價值的心理工程。

第四節　顧客忠誠的心理養成

顧客忠誠的心理基礎

顧客忠誠不只是重複購買行為的結果，更是一種深層次的心理依附與情感投射。心理學上，忠誠來自於「情緒滿足」與「認知信任」的雙重建構。當顧客對品牌產生穩固的信任感，並在情緒上獲得認同與歸屬，其行為忠誠便自然養成。

忠誠形成的心理機制

1. 價值一致性認同

當品牌價值與顧客個人信念相符，顧客更容易形成情感忠誠。這種一致性提供了心理上的穩定與安全感。

2. 情緒記憶深化

透過一連串正面、愉悅的消費體驗，強化顧客對品牌的情緒記憶，使品牌在心理上具有無可取代的位置。

3. 心理契約的建立

品牌與顧客之間形成一種非正式的「心理契約」，顧客相信品牌會持續提供價值與關懷，品牌則承諾不讓顧客失望。

第七章　消費心理學的轉化力：從投訴到擁護

忠誠養成的策略性設計

1. 持續的情感投資

企業需設計長期性的情緒連結，如節慶問候、生日祝福、會員專屬活動等，讓顧客感受到被重視與惦記。

2. 信任累積機制

透過產品品質的穩定性、售後服務的及時性，逐步鞏固顧客對品牌的信任基礎。

3. 價值共創

讓顧客參與品牌的成長與創新，如意見回饋、共創產品設計，不僅提升參與感，也強化心理歸屬。

4. 社群連結深化

建立品牌社群，透過社群互動與使用者間的交流，讓顧客在社群中找到認同與情感支撐，進一步綁定對品牌的忠誠。

心理養成的強化槓桿

1. 頻率效應

人們對於經常接觸的品牌更易產生好感與信任，因此品牌應透過頻繁且正向的曝光加深顧客印象。

2. 互惠原則

當品牌對顧客展現善意與回饋，顧客基於心理互惠的本能，更傾向以忠誠回應。

3. 一致性偏好

顧客一旦公開表達對品牌的支持，便會因維持自我形象一致而持續忠誠，企業可透過使用者推薦、分享機制強化這種一致性效應。

綜合觀點

顧客忠誠的養成，是一項心理與行為交織的長期工程。企業若能從情感投資、信任累積、價值共創與社群經營四大面向入手，並巧妙運用頻率效應、互惠原則與一致性偏好，便能在顧客心中築起一道堅不可摧的品牌堡壘。忠誠不僅帶來穩定的營收與市場占有，更是品牌在競爭市場中抵禦風險、擴大影響的核心資產。

第五節　投訴轉化的心理槓桿

投訴的心理本質

「研究顯示，顧客發起投訴，往往不只是因為抱怨，而是希望透過投訴被企業「聽見」與「尊重」。若企業在處理投訴時，能展現程序正義（例如清楚說明投訴流程、公平處理）及互動正義（如同理回應、維護顧客尊嚴），將顯著提升顧客的滿意度與對品牌的信任感。顧客選擇投訴，代表他尚未徹底放棄品牌，而是嘗試透過抱怨獲得心理平衡與消費正義。若企業忽視投訴背後的心理訴求，輕則失去顧客，重則損及品牌聲譽。

投訴心理的動力層次

(1) 情緒宣洩需求：顧客因認知失調或服務落差產生強烈情緒，需要透過投訴表達與釋放。

(2) 控制感恢復：投訴是顧客重拾掌控感的手段，透過影響企業行為來確立自己的決策權威。

(3) 社會認同與支持：特別在社群時代，投訴也成為顧客獲取群體支持與情緒共鳴的工具。

(4) 價值對價心理：顧客認為花錢應該等於應得的服務與尊重，投訴成為維護「消費價值對價」的行為展現。

投訴轉化的心理槓桿設計

1. 傾聽與情緒確認

服務人員應以感同身受的話術回應顧客情緒，非僅停留在事務性解釋。如「我完全理解這樣的情況會讓人不舒服，我們來看看怎麼協助您。」

2. 控制感的賦權

給予顧客選項與參與權，如「這裡有兩種處理方案，請問您希望怎麼安排？」這讓顧客感覺不再是被動等待，而是能掌控後續的參與者。

3. 正義感的回應

透過公開說明與補償，讓顧客看到企業願意為錯誤承擔責任，滿足其心理上的正義需求。

4. 期待超越

不只補償，還能設計小幅度的額外驚喜，如「我們除了補償，也額外為您準備了專屬優惠」，激發顧客的心理補償快感。

5. 社群參與轉化

邀請投訴顧客參與品牌優化、服務改進意見小組，讓其從「外部批評者」轉為「內部改善者」，強化其心理歸屬。

投訴轉擁護的心理機制

1. 認知重塑

透過積極的處理與溝通，改變顧客對品牌的原始負面認知，讓其將此次經歷視為品牌負責的象徵。

2. 情緒修復

處理過程中不斷透過情緒性語言與非語言訊號修復顧客的不安與不滿，讓情緒記憶轉為正向。

3. 社會見證效應

投訴顧客若在公開平臺獲得企業的正面回應，容易產生「社會見證」的心理滿足，轉而公開肯定品牌的誠意與改變。

第七章　消費心理學的轉化力：從投訴到擁護

組織層面的投訴轉化制度

1. 投訴升級處理機制

設立多層次的投訴應對流程，確保情緒強烈的顧客能在短時間內被高階主管或專責人員接手，提升處理的尊重感。

2. 投訴資料情緒分析

運用 AI 與資料分析工具，對投訴內容進行情緒標籤與心理動因分類，優化回應話術與處理策略。

3. 情緒專責小組

培養具有心理學與服務專業的情緒處理專員，負責特別複雜或高風險的投訴事件。

4. 投訴回饋的公眾化

將處理結果在不侵犯隱私下公開，強化企業對投訴重視與回應的品牌信任感。

綜合觀點

投訴不應被視為品牌的敵人，而是顧客對品牌尚存期待的信號。企業若能從心理槓桿的運用入手，透過傾聽、賦權、正義回應與社群參與，便能將投訴從破壞性的聲音轉為建設性的力量。最終，投訴不僅是修復信任的契機，更是企業檢視自我、優化服務與強化顧客關係的成長養分。

第六節　心理補償與超額回饋設計

心理補償的本質與消費心理

心理補償是指個體在感知損失、失落或不滿時,透過獲得額外補償或報償,來平衡心理上的不適與價值落差。在消費行為中,心理補償不僅是修復顧客不滿的工具,更是品牌轉危為機、強化顧客關係的關鍵策略。當顧客因體驗瑕疵、服務失誤或產品問題產生負面情緒時,適當的心理補償能重建顧客的公平感、尊重感與期待感。

顧客心理補償的關鍵要素

1. 公平正義的回復

補償須對應顧客的損失與不滿,讓顧客感覺「我受到的對待是公平的」。

2. 情緒價值的安撫

補償不僅修復損失,更應撫平顧客的情緒,如憤怒、委屈與被忽視的感受。

3. 超出預期的驚喜感

補償若能超越顧客的心理預期,將轉化為品牌的正向記憶點,甚至變成顧客主動分享的話題。

超額回饋的心理槓桿

1. 補償等級超前設計

企業應建立補償的分級標準,針對不同程度的不滿,設計相應但略超出顧客預期的補償。如遇產品延誤,不僅退款,還附上額外折扣券。

2. 情緒性補償的個性化

給予顧客專屬的道歉信、客製化的安撫訊息或小禮物，讓顧客感受到「這是為我特別準備的」，激發情緒上的溫度感。

3. 時間敏感度的設計

補償越快發出，顧客的情緒修復效果越好。即時性的回應與回饋能快速阻止負面情緒的擴散。

4. 心理價值疊加

補償不僅限於金錢或折扣，還可透過品牌故事、企業社會責任的連結，如「我們同時將捐出同等金額支持公益」，讓顧客的消費轉化為社會價值，強化心理層次的補償感。

超額回饋的制度設計

1. 顧客關係修復預算

企業應預留年度預算作為顧客關係修復基金，專門用於高風險或高價值顧客的補償與回饋。

2. 回饋創意庫

設立補償與回饋的創意資料庫，根據顧客類型、消費偏好與過往互動，量身打造回饋方案，避免補償的機械化與無感化。

3. 情緒補償培訓

訓練客服與前線人員掌握顧客情緒的變化，適時啟動心理補償話術與回饋提案，提升即時修復的專業度與敏感度。

心理補償的行為經濟學支撐

行為經濟學中的「痛苦損失原理」指出，損失對個體的心理影響遠大於同等額度的獲益。因此，補償若僅等同損失，難以真正平衡顧客的不滿，必須透過超額回饋創造「心理賺到」的感受，才能有效中和「損失痛感」。

組織文化與補償策略的結合

1. 從企業文化賦能

企業文化應強調「顧客不滿即是品牌修復契機」，將心理補償視為品牌價值實踐的一環，而非額外成本。

2. 品牌人格一致性

補償的語氣、方式與品牌形象應一致，避免因補償風格與品牌調性不符，反而讓顧客感到違和或不誠意。

綜合觀點

心理補償與超額回饋的設計，是品牌強化顧客關係、修復情緒裂痕與提升品牌溫度的關鍵工具。企業若能從公平正義、情緒安撫到心理價值疊加多層次設計補償策略，並配合組織文化與行為經濟的深層理解，不僅能轉化不滿為滿意，更能將補償行為升級為品牌美談，讓顧客在「被重視」的心理滿足中，轉而成為品牌的忠實守護者。

第七節　顧客教育與信任重塑

顧客教育的心理價值

顧客教育不僅是行銷過程中的資訊傳遞，更是品牌對顧客認知結構的深度重塑。透過教育，企業能夠協助顧客建立正確的產品理解、服務期待與品牌價值觀，進一步形塑顧客對品牌的信任與忠誠。教育的本質，在於減少認知落差、提升顧客自我效能，並透過知識與情緒的雙重賦能，重塑顧客與品牌的心理連結。

顧客教育的核心目標

（1）降低認知失調：透過教育減少顧客在消費後因期待與實際不符產生的心理不適，提升滿意度與容錯率。

（2）強化價值感知：讓顧客理解產品或服務的全貌，超越表層功能，感知品牌背後的設計理念、社會責任與文化價值。

（3）提升使用體驗與效益：教育顧客正確使用產品或服務，避免因誤用導致的失落感與抱怨行為。

（4）建立情感連結與信任：透過教育傳遞品牌故事與文化，使顧客在知識與情感層面均與品牌形成共鳴。

顧客教育的心理學基礎

1. 認知一致性理論

人們傾向維持認知的一致性，透過教育協助顧客將品牌行為與自身期待調和一致，減少不安與抗拒感。

2. 自我效能理論

由心理學家班度拉（Albert Bandura）提出，透過教育提升顧客對產品操作與決策的掌握感，增加滿意度與忠誠度。

3. 行為學習理論

適當的正向回饋與強化，讓顧客在學習與使用過程中建立正向經驗與記憶，形成重複消費的行為模式。

顧客教育的策略設計

(1) 分眾化教育：針對不同客群設計專屬教育內容，從新手指南到進階技巧，滿足不同階段的學習需求。

(2) 多元載體傳播：透過影片、圖文說明、線上課程與實體工作坊等多種形式，提升教育的可及性與互動性。

(3) 情感性敘事融入：在教育內容中融入品牌故事、設計理念與創辦人初心，強化情感記憶與品牌認同感。

(4) 互動參與機制：設計測驗、互動遊戲或實作任務，讓顧客在參與中深化學習效果，並獲得心理成就感。

(5) 回饋機制：提供完成教育後的專屬優惠或會員積分，激勵顧客持續參與學習，形成正向循環。

信任修復的心理引導策略

(1) 揭露式教育：在顧客學習與產品接觸初期，主動說明功能邊界與適用條件，讓顧客對品牌產生真誠與專業的認知，減少因期待落差而產生的信任傷害。

(2)專業聯名力量：藉由專業人士、意見領袖或具信譽的獨立單位參與內容建構，提供學理依據與實務觀點，協助提升傳遞內容的可靠度。

(3)經驗口碑放大：創造讓使用者願意主動分享的環境，無論是心得、成果或小技巧，這些真實體驗的累積將成為信任的自發性擴音器。

(4)語境與風格的一致性：從教學設計到客服應對，維持語氣、視覺與核心理念的一致性，讓顧客在互動過程中逐步建立熟悉感與價值連結。

組織層面的教育體系建構

1. 顧客學習中心

設置線上與線下的顧客教育平臺，形成品牌知識的集中地與學習社群。

2. 教育內容疊代

持續更新教育素材，根據顧客回饋與市場變化調整內容，確保教育的時效性與實用性。

3. 跨部門合作

行銷、產品、客服與公關協同開發教育內容，確保知識傳遞的一致性與品牌調性。

4. 教育效果監測

建立教育成效的量化指標，如學習完成率、顧客滿意度與行為轉換率，持續優化教育策略。

綜合觀點

顧客教育與信任重塑是品牌深化顧客關係、提升消費價值感知與抵禦市場競爭的雙重引擎。企業若能系統化設計教育體系，從知識傳遞、情感連結到社群互動，並結合心理學的信任修復引導，不僅能減少顧客投訴與不滿，更能培養一批對品牌高度認同的忠實顧客。教育讓品牌不只是賣產品，而是成為顧客生活中的知識夥伴與情感依靠，最終在市場心智中建立起穩固而持久的信任堡壘。

第七章　消費心理學的轉化力：從投訴到擁護

第八節　案例：迪士尼樂園如何轉化客訴為口碑

迪士尼樂園作為全球知名的娛樂品牌，不僅以夢幻的園區設計與高品質的服務聞名，更以卓越的客訴轉化能力成為服務業的典範。無論是在美國本土，還是日本、香港、上海等地的迪士尼樂園，面對來自世界各地的顧客，其處理客訴的智慧與策略，都成功地將潛在的負評風暴轉化為強勁的品牌口碑。

案例背景：服務延遲與顧客不滿

在某次旺季期間，東京迪士尼樂園因人潮爆滿，造成熱門遊樂設施排隊時間過長，部分顧客在等待過程中感到不滿，甚至在社群平臺上批評園區管理失當、服務失衡。對於以「夢想王國」自居的迪士尼而言，這類投訴若處理不當，將直接傷害品牌的夢幻形象與服務信譽。

迪士尼的客訴處理哲學

1. 第一時間情緒安撫

現場服務人員被授權擁有即時決策權，當顧客表達不滿時，能立刻透過關懷、致歉與小禮物（如優先通行證、紀念徽章）進行安撫，降低顧客的情緒波動。

2. 情境再造的驚喜策略

對於等待過久的顧客，迪士尼不僅給予快速通關服務，還會安排角色扮演者（如米奇、唐老鴨）現身排隊隊伍與顧客互動，透過現場的娛樂介入，轉化等待的不耐為難忘的體驗。

3. 主動的情感修復

顧客一旦提出正式投訴，迪士尼的客服團隊會在短時間內聯絡，並透過具體行動如票券補償、商品折扣，並附上由管理層親筆簽名的致歉信，展現品牌對顧客感受的高度重視。

客訴轉口碑的心理槓桿

1. 情緒共感與補償超額原則

補償往往超出顧客的原始期待，創造「賺到」的心理效應，使顧客在分享經驗時，從負面抱怨轉為「雖然有不便，但服務真的好」的正向評價。

2. 故事化行銷

顧客將處理經驗視為「被品牌重視的特別經歷」，容易在社群、部落格甚至新聞媒體上主動分享，形成品牌正向敘事。

3. 顧客歸屬感強化

透過角色人物的介入與情感化互動，顧客不僅問題被解決，更在情緒上與迪士尼的文化價值建立深厚連結，進一步強化品牌歸屬感。

組織文化與制度支撐

(1)「顧客永遠是貴賓」的服務準則：每位員工都被賦予為顧客創造驚喜的自由度與資源。

(2) 快速反應的跨部門合作：園區管理、角色演員、客服團隊間有流暢的溝通管道，確保客訴在最短時間內被妥善處理。

(3) 情緒管理與服務訓練：員工定期接受心理學與情緒管理培訓，讓他們在第一線即可判斷顧客需求並適切應對。

第七章　消費心理學的轉化力：從投訴到擁護

> **綜合觀點**
>
> 迪士尼樂園的客訴處理，不僅僅是為了解決顧客的不滿，更是一場品牌情緒工程的實踐。透過即時安撫、驚喜補償、情感修復與社群敘事，迪士尼不僅化解了危機，更讓原本的不滿成為品牌的推廣故事。這種從客訴轉口碑的能力，不僅來自制度與流程，更深植於迪士尼對顧客情緒與心理需求的深度理解，成就了品牌在全球的持續魅力與影響力。

第八章
行銷心理學的奧客預防與應對

第一節　心理定價與顧客預期管理

價格的心理信號與消費者預期

消費行為的起點往往與價格認知息息相關。心理學家理查・塞勒（Richard Thaler）提出「心理帳戶」（Mental Accounting）理論，指出消費者會根據消費情境及心理帳戶的分類對價格產生不同解讀。例如：300 元的餐點在夜市與高級餐廳引發的接受度與品質期待完全不同。這種心理差異，決定了顧客對價格的預期，一旦實際價值與心理價值不符，便容易滋生不滿，甚至演變成奧客行為。

預期價值的心理建構

顧客對價格的預期，源自市場行銷、品牌定位以及過往的消費經驗。心理定價策略的重點在於塑造這種心理預期。透過「參考價格」設計，例如「原價 599 元，現折 100 元」，使消費者以高價為基準，進而感知折扣後價格的合理性。錨定效應藉此強化顧客對定價的接受度，有效降低價格質疑與抱怨的發生。

動態定價與預期管理

在競爭激烈的市場環境下，動態定價成為常態。然而，價格若頻繁變動而缺乏透明溝通，將激起消費者的價格焦慮與不安。許多產業如旅遊、航空會運用「早鳥優惠」、「最後一刻促銷」等機制，透過時間與需求變動來調整價格，並搭配清晰的溝通，協助顧客理解價格浮動的邏輯，進而降低誤解與不滿情緒。

價值再定義與情感連結

價格的說服力不僅來自數字，更來自價值的再定義。當企業能將價格與品牌理念、產品設計或永續發展等價值深度連結，即使高於市場價格，顧客也願意接受。這種策略透過情感與理念的附加價值，讓價格超越金錢，轉化為身分認同與情感共鳴，從而降低價格爭議引發的負面行為。

價格誠信與顧客信任

價格誠信為企業防堵奧客行為的第一道防線。企業若能長期維持價格穩定，不輕易因短期銷售壓力調價，便能建立起顧客對品牌價格的信任感。同時，透過明確標示產品原料、設計理念及使用壽命，將價格背後的價值完整揭露，進一步減少價格認知落差帶來的不滿與爭議。

預期失衡與投訴心理的轉換

當顧客發現商品價格波動劇烈，或購買後立即看到促銷降價，便容易產生心理上的不平衡，這種預期失衡導致認知失調，使投訴、退貨或負評成為平衡心理的出口。若企業未妥善管理預期，將讓此類情緒積壓，最終轉化為極端的奧客行為。透過「價格保障」如買貴退差價等措施，企業可有效化解顧客的不滿，避免事態擴大。

跨文化的價格心理調適

不同文化背景對價格的敏感度各異。亞洲消費者偏好促銷與優惠，而歐美消費者則重視品質與品牌附加價值。企業在進軍國際市場時，應因地制宜調整價格策略與溝通方式，對應當地的文化心理與消費習慣，降低因價格誤解帶來的奧客行為。

第八章　行銷心理學的奧客預防與應對

> **綜合觀點**
>
> 心理定價與顧客預期管理，不僅是行銷策略，更是一種心理契約。當價格成為顧客對品牌的信任象徵，便不再僅僅是交易的數字，而是企業與顧客之間的承諾。企業唯有透過價值持續傳遞、價格誠信及透明溝通，才能在價格的心理戰中建立穩固的防線，降低奧客行為的產生，最終鞏固顧客關係。

第二節　情緒定錨與消費選擇的引導

情緒定錨的心理機制

消費者在購物過程中，情緒狀態會扮演心理錨點，影響對價格、品質與服務的接受度。正向情緒（如愉快、放鬆）常導致依賴錨定資訊，包括參考價格或促銷提示，進而願意為商品或服務支付更高價格。反之，處於負向情緒時，消費者會進入更深入評估模式，對價格和細節更為敏感，也更易產生不滿。此情緒與錨定互動機制在行為經濟學與消費心理學中已有多項實證研究支持。

例如：透過營造輕鬆愉悅的購物環境，顧客容易在正向情緒下，對價格較高的商品也產生合理化的解讀。反之，若消費情境讓顧客心情低落或煩躁，對任何價格或細微的服務缺失都會放大不滿，甚至引發奧客行為。

情緒誘發與消費選擇的互動

行銷心理學研究發現，情緒不僅影響評估，還會主導選擇偏好。透過情緒誘發的設計，企業可以在顧客尚未進入決策時，預先定錨其選擇傾向。常見的誘發手法包括：

- 視覺與聽覺刺激：如溫暖的燈光、柔和的音樂，塑造舒適的購物體驗。
- 語言與符號提示：在產品標示使用「熱銷」、「限量」等字眼，強化情緒的迫切感與稀缺感。
- 服務人員的情緒傳染：服務人員的友善與熱情，具有高度情緒感染力，能迅速影響顧客的情緒基調，進而影響其選擇行為。

選擇架構的心理設計

消費選擇的過程並非完全理性,而是受限於「選擇架構」的影響。企業若能透過結構化的產品排列、套餐設計或價格階梯,引導顧客依照預設的路徑選擇,便能有效降低奧客因選擇後悔所產生的不滿。例如:設置「黃金中間選項」,利用中價位商品作為心理上的平衡點,使顧客在高低價商品間自然偏好中價位,既符合心理預期,也降低認知壓力。

情緒與認知偏誤的關聯

情緒不僅直接影響選擇,還會觸發多種認知偏誤,如「確認偏誤」,即顧客在正向情緒下傾向搜尋支持自己選擇的正面資訊,忽略負面訊號。反之,若情緒不佳,則更容易放大缺點,進而演變為抱怨甚至奧客行為。

因此,企業在服務流程中,若能設計情緒緩衝與調節機制,如候位時提供茶水、小禮物,或在客服應對中先進行情緒安撫,都能有效減少負向情緒累積,降低認知偏誤的風險。

綜合觀點

情緒定錨與消費選擇的互動,不僅是心理學的理論,更是行銷操作的實務根基。企業若能掌握情緒誘發的節奏,配合選擇架構的設計,不僅可提升顧客滿意度,也能在源頭降低奧客行為的發生機率。透過系統性的情緒管理與選擇引導,品牌得以建立更穩固的顧客關係,實現從交易到關係的升級。

第三節　會員制度與心理契約的建立

會員制度的心理吸引力

會員制度不僅是促銷或折扣的工具，更是與顧客建立心理契約的關鍵機制。心理契約（Psychological Contract）指的是消費者在無明文規定下，對企業與品牌形成的心理預期與非正式承諾。當企業透過會員制度提供專屬權益、個人化服務與身分象徵，便在顧客心中建立了一種「被重視」的感受，強化其忠誠度與品牌認同。

分級制度與社會比較心理

多數會員制度設計分級機制，透過不同等級的權益差異，激發顧客的社會比較心理。當顧客意識到自身等級與他人不同時，會產生持續消費以維持或提升等級的動機。這種制度不僅提升了顧客的參與感，也因「努力換來的升等」而對品牌產生更深的依附，降低抱怨與奧客行為的發生。

心理契約的履行與破裂

心理契約的建立雖無明文，但一旦企業未能履行顧客的心理預期，便容易導致心理契約破裂，進而引發不滿與投訴。例如：會員未能及時享有應有的權益，或高級會員的專屬待遇未達標準，顧客便會感受到信任被背叛，這種心理失落常比單純的服務瑕疵更具殺傷力。

個人化服務與認同感塑造

會員制度若能搭配個人化服務設計，如依據消費紀錄推送專屬優惠，或在生日等節慶提供定制化禮遇，能進一步強化顧客的被重視感。

第八章　行銷心理學的奧客預防與應對

這種認同感塑造不僅提升了顧客對品牌的情感連結,也強化了顧客在品牌社群中的身分感,從而降低對企業的敵意與抱怨意圖。

預防奧客的會員策略

透過會員制度預防奧客行為,企業應強化以下策略:

- 權益透明化:明確列出各等級會員權益,避免因資訊不對等造成預期落差。
- 動態回饋設計:定期依會員貢獻調整權益,讓顧客感受到參與即有回報。
- 情感經營:超越功能性利益,透過品牌活動、專屬社群建立情感連結。

綜合觀點

會員制度的本質在於透過制度化的心理契約,鞏固顧客與品牌間的情感與信任。當企業善用分級機制、個人化服務與情感經營,不僅能強化顧客的忠誠度,更能在潛移默化中降低奧客行為的發生率。最終,會員制度不再只是行銷手段,而是企業文化與品牌價值的延伸。

第四節　認知框架與服務差異化策略

認知框架的心理作用

顧客在評價服務與產品時，往往不是以客觀標準進行衡量，而是透過心理中的「認知框架」進行解讀。這種框架來自於過往經驗、社會期待與品牌形象，決定了顧客對同一服務的解釋角度與情緒反應。例如：高價餐廳若提供精緻但份量少的餐點，顧客透過「高價＝高品質」的框架進行理解，反而提升滿意度；若相同餐點出現在平價餐廳，則易被視為份量不足而引發不滿。

框架效應與顧客評價

心理學中的「框架效應」指出，同一資訊在不同表述下，會引發完全不同的情緒與評價。服務業若能掌握框架設計的技巧，便能在第一時間影響顧客的期待。例如：醫美診所若強調「自然修復」而非「快速變美」，即便療程進度緩慢，顧客也會因預期被正確設定而減少抱怨，反之則易因期待落差而演變為投訴或負評。

服務差異化的心理影響

在競爭激烈的市場中，單純的價格競爭往往導致品牌價值被稀釋，服務差異化成為企業的關鍵策略。透過設計獨特的服務流程、專屬的客戶體驗，企業可以重塑顧客對品牌的認知框架，進一步提升價值感知。例如：五星級飯店不僅販售住宿，更透過迎賓儀式、房務細節與客製化服務，讓顧客感受超越價格的尊榮感。

第八章　行銷心理學的奧客預防與應對

差異化策略與奧客行為預防

當企業建立起清晰的服務差異化，顧客的期待與企業的能力範疇間便形成穩固的心理契約。這種清晰的品牌定位有助於過濾非目標客群，降低因價值認知錯置產生的奧客行為。舉例而言，高端品牌如 Apple 透過設計與創新，讓顧客對產品價格與服務有了明確的期待；反之，若品牌定位模糊，顧客對服務的主觀期待就容易失控，成為抱怨甚至奧客行為的誘因。

強化顧客教育與框架一致性

企業需透過顧客教育與資訊透明，持續強化品牌的認知框架，確保顧客在選擇與使用服務時，所持的期待與實際體驗一致。顧客教育的形式可以是使用指南、服務承諾說明，或透過品牌故事傳達核心價值。當顧客對品牌的服務流程、限制與優勢有清晰認知時，抱怨與負評的機率將大幅下降。

綜合觀點

認知框架與服務差異化策略，不僅是行銷定位的工具，更是心理防線的建構。透過精準的框架設計與差異化服務，企業能夠在顧客心中建立穩固的價值認知，減少因預期錯位引發負向情緒與奧客行為。最終，品牌將在市場上形成獨有的心理定位，吸引對應的客群，並持續強化顧客與品牌之間的正向連結。

第五節　顧客參與感與行銷防禦設計

參與感的心理價值

顧客在消費過程中的參與感，對於滿意度與忠誠度具有決定性影響。心理學上的「自我效能」理論指出，當個體能夠主動參與某個過程，便會對結果產生更強的認同與掌控感。應用於行銷情境中，顧客若能參與產品設計、服務流程建議或品牌活動，便不易產生抱怨，因為參與本身已建立起心理上的「共創」感受，奧客行為的可能性因此顯著降低。

參與設計的實務策略

企業可以透過多元化的參與設計，強化顧客的歸屬感與品牌認同，包括：

- 共創商品設計：邀請顧客參與新產品的命名、包裝設計，提升產品的情感連結。
- 回饋循環機制：設立意見回饋與改進平臺，讓顧客感知自己的聲音被聽見與重視。
- 會員活動與社群經營：組織品牌專屬社群或會員沙龍，透過線上與線下活動，深化顧客與品牌的互動。

行銷防禦的心理設計

在行銷策略上，若缺乏防禦設計，企業容易成為奧客攻擊的目標。防禦性的行銷設計，指的是在產品與服務推廣中，預先納入消費者可能的不滿點與質疑，並在行銷訊息中提前解釋或設置心理緩衝。例如：在

產品頁面明確標示「此商品屬於手工製作，尺寸略有差異屬正常現象」，即是在防堵因期望過高產生的投訴。

情境預設與風險提示

防禦設計亦包含對消費風險的情境預設與提示，讓顧客在購買前對商品的使用限制或可能的不便有清晰認知。這不僅降低了顧客的期待誤差，也在心理層面上完成了預期管理，減少日後因資訊不對稱導致的負評與抱怨。

參與和防禦的雙重效益

當顧客參與感強、且企業行銷防禦機制完善時，顧客不僅在情感上貼近品牌，更在認知上形成合理的服務與產品期待。這種雙重心理機制，讓顧客在遇到問題時，傾向選擇理解與包容，而非直接投訴或發難，從而大幅降低奧客行為的發生機率。

綜合觀點

顧客參與感與行銷防禦設計，實為企業在奧客預防戰略中的兩大支柱。透過系統性的參與機制與前置的心理防禦，企業不僅能夠提升顧客體驗與品牌忠誠，亦能在激烈的市場環境中，建立一道堅實的心理防線，有效化解潛在的負面行為與聲譽風險。

第六節　資訊回饋與心理誘因的強化

資訊回饋的心理意義

資訊回饋是顧客與企業之間互動的關鍵橋梁，直接影響顧客對品牌的信任與忠誠。根據心理學中的「回饋效應」，當顧客的意見或需求能獲得及時且具體的回應，將強化其參與感與價值感，進而提升對品牌的好感與支持。若企業忽視資訊回饋機制，不僅會錯失優化產品與服務的機會，也容易讓顧客誤以為自身聲音被忽視，進而轉化為負評或奧客行為。

回饋機制的設計原則

為了提升資訊回饋的效果，企業應從以下幾個層面著手：

- 即時性：快速回應顧客的詢問與回饋，縮短等待時間，降低不滿情緒的累積。
- 透明性：清楚告知顧客回饋的處理進度與結果，避免資訊不對等造成的不安。
- 行動性：不僅回應，更要展現具體的改善行動，讓顧客感受到自身意見促成了變化。

心理誘因的動力設計

在回饋機制之外，企業亦需設計有效的心理誘因，激勵顧客持續參與和回饋。常見的誘因設計包括：

- 獎勵機制：如回饋意見可獲得積分、優惠券或專屬折扣，強化顧客的參與動機。

- 認同感塑造：公開表揚積極回饋的顧客，賦予其品牌「參與者」或「意見領袖」的身分，提升其社群影響力。
- 專屬福利：設計回饋者專屬活動或產品試用，讓顧客感受差異化的尊榮待遇。

資訊回饋與顧客期待管理

資訊回饋同時具備「期待管理」的功能。透過不斷的回應與溝通，企業能主動調整顧客對產品與服務的預期，避免期待過高或誤解所帶來的心理失落。當顧客明白企業的努力與限制，便較少因服務不如預期而產生過激的抱怨或要求。

心理誘因對奧客行為的抑制

心理誘因不僅能激勵正向行為，亦對奧客行為具備抑制作用。當顧客因回饋獲得實質或情感上的回報，便會傾向與品牌維持良性互動，而非選擇對立或攻擊。此外，獎勵與認同感的結合，能逐步建立顧客的品牌依附與行為規範，降低過度索求與無理要求的發生。

綜合觀點

資訊回饋與心理誘因的結合，為企業在顧客關係管理中開啟了雙向互動的新模式。透過即時、透明與行動性的回饋，加上具激勵效果的誘因設計，企業不僅能強化顧客的參與和認同，還能有效預防奧客行為的滋生。這種策略性的心理建設，不僅提升了品牌形象，也為企業打造了穩固的顧客信任與市場競爭力。

第七節　顧客心理契約與行為引導：奧客養成的心理預防設計

在行銷心理學中，奧客的產生不僅與顧客性格或權利意識有關，更與企業在行銷策略上是否建立了有效的顧客心理契約與行為引導機制密切相關。傳統的客訴預防著重於產品與服務本身的瑕疵控管，卻忽略了透過長期顧客教育與情緒契約來預防顧客行為失控，避免其演變為奧客。

顧客心理契約的理論基礎

心理契約（Psychological Contract）源自組織行為學，指的是雙方在書面合約之外，基於互信與期待所形成的心理承諾。在消費場域中，顧客心理契約指的是顧客對品牌或服務的隱性期待與心理默契，如服務態度、回應速度與解決問題的誠意。若企業未明確形塑這種心理契約，顧客對權益的期待便容易無限上綱，當企業未滿足這些未被明說的期望，失落感便促成奧客行為的發酵。

例如：日本無印良品強調簡約而貼心的服務哲學，讓顧客形成一種「品牌不只是賣產品，還關照生活細節」的心理契約。當顧客有任何小問題，品牌總以超預期的服務回應，降低了顧客將不滿轉化為激烈客訴的可能。

顧客行為引導的心理學策略

行為經濟學與行為心理學提供了「行為引導」（Behavioral Nudge）的實務策略，企業可透過設計適當的消費者引導機制，塑造顧客對服務流程、反應時間及補償標準的合理認知，減少不實期待與過度維權行為。

1. 預期管理

在服務初期即透過清晰說明與流程告知，設定顧客的期待值。如 Uber 在叫車時即提示預估到達時間與車資範圍，降低等待時間產生的焦慮與不滿。

2. 正向回饋設計

建立顧客正面行為的回饋機制，如透過累積點數、VIP 服務，獎勵理性溝通與回饋的顧客，逐步培養品牌的理性客群。

3. 透明化政策

讓顧客清楚理解投訴與補償機制，消除不確定性，避免因「企業會打太極」的疑慮引發過度維權。

情緒契約與情感連結的建立

情緒契約是指企業與顧客間基於情感連結所形成的非正式承諾。當顧客感受到品牌的溫度與情緒共鳴，便不易因一次瑕疵或失誤而輕易轉化為攻擊性的奧客。例如星巴克透過顧客名字書寫在杯子上的小細節，營造情感連結，讓顧客感覺被尊重與重視，情緒契約因此建立。

企業若能透過社群經營、會員活動、品牌故事的情感投射，不斷深化情緒契約，將使顧客即使在消費過程遇到不滿，亦較可能以建議與溝通的方式表達，而非直接走向對立與攻擊。

第七節　顧客心理契約與行為引導：奧客養成的心理預防設計

顧客行為養成的心理模型

1. 誘因－行為－結果

企業可設計正向誘因（如積點）、引導顧客產生理性反應（如理性回饋），並給予正面結果（如快速處理、額外回饋），長期累積正向行為模式。

2. 自我效能感提升

透過教育顧客如何有效使用產品、理解售後流程，提升其自我效能感，降低無助感導致的情緒失控。

3. 社會規範引導

強化「理性顧客是品牌的榮譽」等社會價值宣導，透過群體壓力與正向標竿，塑造健康的顧客文化。

> **綜合觀點**
>
> 行銷心理學的奧客預防不該止於客訴管理，而應透過心理契約、行為引導與情緒契約的全方位設計，從根本建立企業與顧客間的行為默契與情感連結。如此一來，不僅可有效預防奧客的養成，亦能形塑忠誠而理性的品牌客群，最終形成品牌與顧客之間的共生關係。

第八節　案例：星巴克如何設計全流程防堵客訴

星巴克的品牌哲學與服務標準

星巴克作為全球知名的咖啡連鎖品牌，其成功不僅來自於產品本身，更源於對顧客體驗的高度重視。星巴克的品牌哲學圍繞著「第三空間」的理念，讓門市不只是購買咖啡的地方，更是顧客社交、休憩與工作的空間。這樣的定位要求品牌在服務流程設計上，必須高度精緻且一致，避免任何可能引發顧客不滿的細節。

全流程的客訴防堵機制

星巴克的客訴防堵策略，涵蓋了從前端服務、產品品質到後端回饋的完整流程：

- 教育與訓練：員工接受嚴格的服務訓練，不僅學習操作技能，更強調顧客溝通與情緒管理，確保第一線能即時處理顧客的不滿與疑慮。
- 顧客觀察與主動關懷：門市夥伴被要求具備敏銳的觀察力，及早察覺顧客的不悅或困擾，並主動關心與協助，防止小問題演變成抱怨。
- 即時補救措施：若顧客對飲品不滿意，星巴克允許員工立即提供替換或補償，透過「錯誤即改」的原則，減少顧客的負面情緒累積。

第八節　案例：星巴克如何設計全流程防堵客訴

設計服務流程中的心理緩衝

星巴克在服務設計中，也特別重視「心理緩衝」的安排，例如：

- 等待中的體貼：在顧客等待時，主動告知製作進度或致贈小點心，降低等待的不耐與焦慮。
- 個人化呼喚：透過在杯子上寫顧客名字，創造被重視的感受，提升顧客的情感連結。

顧客回饋與內部優化

星巴克設有多元回饋管道，包含線上客服、社群媒體及門市回饋表單，並建立內部機制對回饋進行分類、分析與改善。透過數據化管理，星巴克能迅速掌握服務痛點，並針對反覆出現的問題進行流程或標準的優化。

心理誘因的策略運用

星巴克亦善用會員制度與獎勵機制，提升顧客的品牌忠誠度與包容度。會員透過消費累積星星，不僅換取商品，亦享有專屬優惠與體驗活動，這些正向誘因讓顧客在面對服務瑕疵時，較能選擇包容與理解，而非立即轉為奧客行為。

綜合觀點

星巴克透過全流程的客訴防堵設計，從員工訓練、服務流程到回饋機制，全面預防顧客不滿的擴大。同時，透過心理緩衝、個人化服務與獎勵制度，星巴克不僅提升了顧客的滿意度，更成功塑造了一個讓顧客願意反覆光臨並主動回饋的品牌形象。這樣的全方位策略，為所有服務業提供了防堵奧客行為的最佳範例。

第八章　行銷心理學的奧客預防與應對

第九章
前線人員的心理韌性與企業支持

第九章　前線人員的心理韌性與企業支持

第一節　前線員工的心理安全感培養

面對奧客帶來的情緒衝擊與高壓挑戰，前線服務人員的心理安全感成為防堵負面循環的第一道防線。心理安全感指的是員工在面對高壓或失控顧客時，仍能無懼表達自身處境、情緒與應對策略，而不擔心因此受到組織責難或負評。缺乏心理安全的員工，往往因害怕組織追責，選擇隱忍或壓抑情緒，最終導致服務品質下滑，甚至引發更嚴重的顧客衝突。

建立心理安全感的組織策略

企業若要協助員工有效對抗奧客壓力，必須透過組織策略來培養心理安全感：

- 建立容錯文化：當員工在面對無理取鬧的顧客時，若組織明確支持員工的專業判斷與決策，員工將不需因應對失當而恐懼。
- 即時回應機制：設立專線或即時支援機制，讓前線人員在遭遇奧客時，能快速獲得主管或後勤團隊的支援。
- 案例分享與學習：定期蒐集與分享奧客應對的成功案例，讓員工了解各種情境下的最佳應對方法，強化應對信心。

領導者的榜樣作用

領導者的態度與反應，直接影響員工面對奧客的心理狀態。若領導者對員工在奧客壓力下的表現給予正向肯定與實質支援，將有效提升員工的心理安全感。領導者應公開表達對抗無理顧客行為的立場，並在員工遭遇奧客後，主動詢問其心理狀態與復原情形，建立情緒後援的信任基礎。

心理安全感對奧客應對的影響

具備心理安全感的員工,在面對奧客時,能夠更冷靜、理性地運用組織提供的應對工具與話術,避免情緒對撞。同時,心理安全感讓員工有信心在必要時採取終止服務、呼請主管或依組織標準流程處理的行動,降低顧客衝突升級為危機事件的風險。

綜合觀點

心理安全感不僅是提升員工福祉的保障,更是企業預防與管控奧客行為的核心策略。企業若能在制度、文化與領導層三個層面建構全面的心理安全支持系統,不僅能降低奧客造成的內耗,也能讓前線服務人員展現更專業、更穩定的服務姿態,進一步強化顧客正向體驗,最終轉化為品牌的韌性與信任力。

第二節　情緒勞動的管理機制

情緒勞動（Emotional Labor）是指員工在服務過程中，需控制自身情緒以表現出組織期待的情緒狀態，特別是在面對奧客時更為突出。由美國社會學家亞莉‧霍希爾德（Arlie Hochschild）在 1983 年提出，情緒勞動概念揭示了前線服務人員如何在工作中透過「表層表現」與「深層表現」來達成情緒管理。長期情緒勞動若無適當管理，將導致員工情緒枯竭、職場倦怠甚至離職潮，對組織產生重大影響，尤其在奧客頻發的行業更是如此。

情緒勞動的雙重壓力

前線員工在面對奧客時，需在壓抑自身真實情緒的同時，表現出親切、耐心與專業，這種表裡不一的情緒勞動，形成了雙重心理壓力。當顧客的無理要求或言語攻擊超越員工心理容忍度時，情緒勞動的負擔將急劇加重，甚至引發情緒崩潰或反擊行為。此外，若組織對奧客行為缺乏應對機制，員工會感受到來自「顧客」與「組織」雙重的不支持，進一步導致心理壓力惡化。

情緒勞動的階段性影響

研究顯示，情緒勞動對員工的影響具有階段性：

- 初期適應階段：員工努力學習與內化組織期待的情緒表現，如強顏歡笑、保持禮貌。
- 中期矛盾階段：隨著面對奧客的次數增加，員工開始在內心累積不滿，產生「情緒認知不協調」。
- 後期枯竭階段：長期無法釋放的情緒壓力，導致員工出現職業倦怠、對顧客冷漠或產生敵意，嚴重時可能選擇離職或工作敷衍。

管理機制的設計策略

為有效管理情緒勞動,企業需從以下幾個面向著手:

- 情緒管理訓練:教授員工情緒辨識與調節技巧,如正念減壓、呼吸放鬆法、情緒記錄等方法,幫助員工在高壓下維持情緒穩定。
- 情境模擬演練:定期透過角色扮演或虛擬實境,模擬各類奧客情境,提升員工的應對經驗與心理韌性,使應對成為一種「肌肉記憶」。
- 心理健康資源:提供心理諮商、情緒輔導等資源,設置匿名諮商管道與壓力測評,讓員工有宣洩與療癒的出口。
- 工作輪替與彈性調整:避免員工長期固定在高壓服務線,透過職位輪替或排班彈性,降低心理疲勞。

主管支持與情緒資本

上司的情緒資本對情緒勞動的管理至關重要。具備高情緒資本的主管,能察覺員工的情緒疲勞並及時介入,透過鼓勵、認可與調整工作安排,協助員工修復情緒能量。主管的感同身受與積極情緒能夠為團隊注入正能量,進而形成「情緒緩衝帶」,讓員工在面對奧客時,不再是孤軍奮戰。此外,領導者應定期與員工進行心理狀態檢視,主動辨識情緒勞動的風險指標,如情緒低落、服務冷漠等行為。

情緒勞動的倫理界線

組織在推動情緒勞動管理時,亦須設立倫理界線,避免情緒勞動被視為「無條件滿足顧客」的工具。企業應明確定義奧客行為的邊界,建立「拒絕無理行為」的制度與話術,讓員工知道何時可以適當劃界,保障自身尊嚴與心理健康。

第九章　前線人員的心理韌性與企業支持

> **綜合觀點**
>
> 情緒勞動若無良好管理,將成為奧客行為擴散的溫床,並直接侵蝕組織的服務品質與品牌形象。透過訓練、資源與主管支持的全面機制,企業能協助員工轉化情緒勞動的壓力為專業應對的能力。同時,設立倫理與制度性的防線,讓情緒勞動不再是員工的單向壓力,而是企業、員工與顧客三方共建的良性循環,最終形成企業對奧客行為的強韌防線,並同時維護員工的心理健康與職場滿意度。

第三節　壓力調適與心理韌性訓練

面對奧客頻繁的挑釁與不合理要求，前線員工若缺乏有效的壓力調適能力與心理韌性，將難以持續維持專業的服務態度。壓力調適與心理韌性訓練，已成為服務產業必備的內部培訓機制，目的是強化員工在高壓工作環境中的抗壓力與恢復力，從而降低因情緒失控或倦怠所引發的服務失誤與品牌損害。

壓力的來源與前線人員的困境

前線服務人員面臨的壓力來源主要有三：

- 顧客壓力：包括奧客的無理要求、情緒性指責甚至語言暴力。
- 組織壓力：來自績效指標、服務品質要求與顧客滿意度評分的壓力。
- 自我壓力：員工對自身專業表現的期待與對個人情緒管理的挫折感。

這三種壓力若未能妥善調適，將疊加為「情緒負債」，逐漸侵蝕員工的心理韌性，最終導致職場倦怠、服務冷漠甚至轉職潮。

心理韌性的核心內涵

心理韌性指的是個體面對逆境、壓力與挑戰時，能夠迅速恢復心理平衡，甚至從困境中成長的能力。具備高度心理韌性的員工，不僅能從奧客的攻擊中迅速調整情緒，還能在壓力下持續輸出穩定的服務品質。

心理韌性涵蓋四大要素：

- 情緒調節力：能夠在壓力情境下穩定情緒，避免情緒反應干擾專業判斷。

- 樂觀思維：面對挑戰時，傾向以正向的態度看待困境與機會。
- 問題解決力：在遭遇困境時，具備主動尋找解決方案的能力。
- 社會支持網絡：能夠適時尋求同事、主管或親友的情緒與實質支持。

壓力調適的訓練方法

企業可透過多元化的訓練設計，提升員工的壓力調適能力與心理韌性：

- 正念減壓課程（MBSR）：透過正念冥想、呼吸法與身體掃描等練習，提升員工的情緒覺察力與當下專注力，降低情緒反應的強度。
- 情緒調節工作坊：訓練員工辨識情緒來源與模式，學習轉換思維與自我對話的技巧。
- 情境模擬訓練：透過奧客應對情境的模擬演練，讓員工在安全的環境中練習壓力下的溝通與調適方法。
- 壓力管理講座：結合心理學、神經科學與實務經驗，教育員工認識壓力對身心的影響，並提供實用的壓力管理工具。

心理韌性與團隊文化的建構

心理韌性的養成，不能僅依賴個體訓練，還須透過組織文化的塑造來強化：

- 錯誤包容文化：鼓勵員工在服務失誤或情緒失控後，能坦誠分享與反思，而非遭受責難。
- 團隊支持機制：透過小組會議、同儕諮詢與經驗分享，建立員工間的情緒支援系統。

- 領導者的示範效應：領導者需展現高韌性、高同理心的行為，透過以身作則，樹立心理韌性的組織標竿。

綜合觀點

在奧客行為頻繁的服務業，壓力調適與心理韌性的培養不僅是員工的個人修練，更是企業永續經營的策略投資。企業唯有透過系統化的訓練、文化塑造與領導示範，才能打造一支具備強韌心理素養的前線團隊，既能應對各類顧客挑戰，也能維護自身的心理健康與職業成就感。

第四節　組織支持與心理防衛體系

在面對奧客帶來的情緒壓力與挑戰時，前線服務人員若缺乏組織的有效支持與系統性的心理防衛體系，將難以維持情緒穩定與專業應對。組織支持不僅是企業對員工的關懷，更是企業文化與制度中的核心策略，直接影響員工對抗奧客時的心理韌性與持續力。

組織支持的定義與重要性

組織支持是指員工主觀感受到組織對其貢獻的重視與對個人福祉的關心。當員工感知到企業在面對奧客衝突時有堅定的立場與支援，便能產生更高的心理安全感與工作滿意度。反之，若員工在奧客事件後感到被孤立或責難，將迅速削弱工作動力與忠誠度，甚至引發高離職率與品牌信任危機。

心理防衛體系的三大層次

建立心理防衛體系，企業需從預防、即時應對與事後修復三大層次全面設計：

1. 預防層次

- 教育訓練：定期培訓奧客應對技巧、情緒管理與心理韌性課程。
- 明確標準流程：制定面對奧客的應對 SOP，讓員工在遭遇時有清晰的行動準則。
- 顧客行為準則宣導：對顧客公開企業對不當行為的零容忍立場，減少奧客行為的發生空間。

2. 即時應對層次

- 快速支援系統：設立主管或心理諮商員的即時協助機制，讓員工在遭遇奧客時可即刻求援。
- 情緒支援站：在門市或辦公空間設置「情緒休息區」，提供短暫的情緒調節空間與輔助工具。

3. 事後修復層次

- 心理諮商與輔導：提供專業心理師的諮商服務，協助員工進行情緒釋放與創傷修復。
- 經驗分享會：鼓勵員工分享奧客應對經驗與學習，形成組織知識與情緒支援的正向循環。

領導者的支持角色

領導者在心理防衛體系中扮演關鍵角色。他們不僅需在制度上保障員工權益，更應在文化上樹立「員工優先」的價值觀。領導者應在員工遭遇奧客後，主動介入，提供情緒關懷與資源協助，並公開表達對不當顧客行為的零容忍態度。這樣的行動將大幅提升員工對組織的信任與歸屬感。

心理防衛體系的制度化建設

為避免心理防衛淪為口號，企業需將其制度化，具體做法包括：

- 訂立員工保護政策：明文保障員工面對不當顧客行為時的行動權利與組織責任。
- 設立心理健康基金：提供專項預算支持員工的心理健康活動與資源。

第九章　前線人員的心理韌性與企業支持

- 績效評估中的情緒指標：將情緒管理與心理健康納入管理者的績效考核，確保領導層對心理支持的重視與執行。

> **綜合觀點**
>
> 組織支持與心理防衛體系的建立，不僅是企業對員工的責任，更是維繫品牌長期價值的關鍵。當企業願意投資在心理支持與制度建設上，不僅可降低奧客對服務品質的侵蝕，更能培養一支具備高度心理韌性與情緒管理力的專業團隊。這不僅是對員工的保護，更是企業永續競爭力的深厚基礎。

第五節　員工自尊感與服務自信的養成

面對奧客的挑釁與無理要求，前線服務人員若缺乏自尊感與服務自信，將更容易陷入自我懷疑與情緒崩潰的負面循環。員工的自尊感與服務自信不僅關係到個人心理健康，更是維持服務品質、穩定顧客關係與防範奧客侵蝕企業形象的心理堡壘。

自尊感的心理機制

自尊感（Self-Esteem）是指個體對自我價值的積極評價，心理學家羅森堡（Morris Rosenberg）認為，自尊感源自於對自身能力與價值的認同。對服務人員而言，若組織未能建立讓員工感受尊重與價值的工作環境，自尊感便容易受顧客負面回饋或羞辱性言語的侵蝕，進而影響服務表現與情緒穩定。

服務自信的核心要素

服務自信是員工在服務過程中，對自己應對顧客需求、處理突發狀況的能力抱有信心。自信源於專業知識的掌握、溝通技巧的熟練與組織支持的明確。缺乏服務自信的員工，在面對奧客時，往往容易因不安而妥協、退縮，或因無力感而產生服務冷漠與防衛性態度，反而助長奧客的囂張氣焰。

培養員工自尊感的組織策略

1. 賦權制度（Empowerment）

給予員工一定的決策權與服務彈性，如針對奧客可自主啟動終止服務或升級處理的權限，提升員工對自身判斷力的信任。

2. 正向回饋機制

建立即時的正向回饋系統,讓員工在達成服務佳績或成功應對奧客後,能即刻獲得讚賞與認可,強化自我效能感。

3. 專業技能培訓

提供系統性的服務技巧、情緒管理與奧客應對訓練,讓員工在知識與技能上擁有紮實基礎,增加面對各種顧客挑戰的信心。

4. 心理健康支持

結合心理諮商資源與壓力釋放活動,協助員工在情緒受創時獲得修復,避免自尊感長期受損。

提升服務自信的實務做法

1. 模擬實戰訓練

透過角色扮演方式,模擬各類奧客應對場景,讓員工在「演練—反思—再演練」的循環中熟悉應對策略。

2. 知識分享平臺

建立內部知識庫,彙整服務技巧、成功案例與應對話術,供員工隨時查閱與學習。

3. 心理建設課程

教導員工如何透過認知重構來強化自信心,如將「顧客不滿＝我服務失敗」轉換為「顧客的不滿不完全等於我的問題」。

自尊感與服務自信的交互作用

自尊感與服務自信彼此交織，相輔相成。高自尊的員工更容易展現自信，而自信的服務歷練又會進一步強化自尊感。當這兩者形成良性循環，員工便能在面對奧客時，內心不再動搖，行為上更具專業與穩定，進而減少因情緒失控或過度遷就所造成的服務風險。

綜合觀點

員工的自尊感與服務自信，既是個人心理素養的展現，更是組織文化與制度塑造的成果。企業若能從制度設計、訓練資源與心理支持三方面著手，不僅能提升員工的心理強度，更能為企業建立一支在奧客面前也能自信從容、專業穩定的服務團隊，進而鞏固品牌形象與顧客關係的正向循環。

第六節　領導力與情緒資本的關係

在服務業的第一線，領導者的行為與情緒狀態對於員工應對奧客的能力具有深遠影響。領導力與情緒資本的結合，不僅是管理層的心理素養指標，更是前線團隊面對高壓情境時的情緒資源庫。情緒資本高的領導者，能為團隊注入穩定的情緒調節力與正向激勵，有效降低奧客帶來的壓力傳染效應。

領導力的心理基礎

領導力傳統上被認為是影響與引導團隊達成目標的能力，然而在服務業，領導力的本質更需融合情緒智力（Emotional Intelligence）與情緒資本。具備高情緒智力的領導者，能精準覺察團隊成員的情緒波動，並適時提供心理支持與行為指引，避免前線員工在遭遇奧客後陷入情緒孤島。

情緒資本的構成要素

情緒資本主要包含以下四個面向：

- 自我覺察力：領導者對自身情緒狀態的敏銳度，避免將個人情緒投射到團隊。
- 情緒調節力：在壓力情境下，能夠穩定情緒，維持冷靜與理性判斷。
- 同理心能力：能理解並感受員工面對奧客時的情緒困境，提供適切的心理支持。
- 正向激勵力：透過激勵與肯定，提升員工對工作的熱情與心理韌性。

領導力與奧客應對的連動

當前線員工遭遇奧客時,領導者若能及時介入,提供策略性指導與情緒支持,將有效降低員工的無助感與情緒耗竭。具備情緒資本的領導者,通常能做到以下幾點:

- 情緒緩衝:成為員工與壓力源(奧客)之間的情緒緩衝帶,幫助員工轉換心情與焦點。
- 行為示範:親自示範應對奧客的專業話術與情緒調節技巧,樹立學習榜樣。
- 策略性分擔:在必要時親自處理高風險或高壓的顧客,減少員工的情緒負擔。

領導風格與情緒資本的互補性

不同領導風格對情緒資本的運用亦有差異:

- 轉型領導:強調激勵與願景導向,能夠透過提升員工使命感來對抗奧客壓力。
- 僕人式領導:以服務與支持員工為核心,能在情緒資本上展現高度的共情與支援力。
- 情境領導:根據不同員工狀態調整領導方式,靈活運用情緒資本進行管理。

第九章　前線人員的心理韌性與企業支持

組織中的情緒資本培養策略

1. 領導者情緒訓練

定期為管理層舉辦情緒智力與壓力管理課程，強化自我調節與團隊支持能力。

2. 情緒回饋機制

建立上下游之間的情緒回饋管道，讓領導者能即時掌握員工的情緒動態。

3. 情緒領導力評估

將情緒資本納入領導力評估指標，促使管理層將情緒支持視為核心管理責任。

> **綜合觀點**
>
> 領導力與情緒資本的深度結合，是服務業對抗奧客壓力、維持團隊穩定不可或缺的心理武器。當領導者能透過情緒資本引領員工，不僅提升了前線人員的應對能力與心理韌性，更讓企業在激烈的服務競爭中，展現出深厚的內部情緒免疫力，最終形塑出抗壓而穩固的品牌競爭優勢。

第七節　組織文化中的心理支持設計

　　組織文化不僅塑造了企業內部的工作氛圍與價值觀，更深刻影響員工面對奧客時的心理防禦力與應對策略。心理支持設計若能深植於組織文化，便能在無形中強化員工的心理韌性與情緒穩定，為前線團隊築起一道無形的心理保護牆。

組織文化與員工心理的連結

　　根據心理學家艾德・夏恩（Edgar Schein）提出的三層次文化模型，文化由基本假設、價值觀與具體行為構成。當組織的基本假設與價值觀強調「員工福祉優先」、「心理安全重於一時業績」，便能在員工心中種下安全感與被支持的信念。這種信念將直接影響員工在面對奧客時的情緒反應與行動選擇。

心理支持的文化設計原則

1. 透明溝通文化

　　鼓勵員工公開表達對工作壓力、顧客互動的真實感受，並建立不帶責難的回饋機制。

2. 尊重與包容

　　在文化上強化對多元意見與情緒反應的包容，讓員工不因情緒外顯而感到羞愧或孤立。

3. 學習與成長氛圍

　　創造學習型組織，讓員工將奧客應對視為成長挑戰，而非單純的壓力源。

制度化的心理支持措施

1. 心理健康日

定期安排員工心理健康活動，如靜心日、心理講座或情緒解壓工作坊，讓心理照護成為制度常態。

2. 員工協助計畫 (EAP)

提供匿名心理諮商、法律諮詢與壓力管理課程，協助員工多元面向地處理心理壓力。

3. 心理安全承諾書

企業與員工共同簽訂心理安全承諾，強化組織對員工心理健康的責任感。

領導層的文化示範

領導者是文化的具體實踐者，其言行直接影響組織文化的落實。領導者應主動示範情緒管理、心理支持的行為，透過日常對話關心員工情緒狀態，營造出「情緒可以被討論、壓力可以被看見」的文化氛圍。

心理支持文化對奧客應對的影響

當心理支持文化深入組織運作，員工在面對奧客時，不再是孤軍奮戰，而是有整個組織作為後盾。員工能更有信心劃定應對界線，並適時尋求組織協助，避免因壓力過大而選擇情緒失控或消極忍讓，導致更嚴重的顧客衝突與品牌損害。

第七節　組織文化中的心理支持設計

綜合觀點

組織文化中的心理支持設計，是企業防堵奧客壓力、穩固服務品質與維護員工福祉的根本工程。當心理支持內化為組織文化的一部分，企業不僅能提升員工的抗壓力與服務持續力，更能在市場競爭中展現出「人本關懷」與「專業穩定」兼具的品牌風範，最終實現企業永續經營的深度底蘊。

第九章　前線人員的心理韌性與企業支持

第八節　案例：
ZARA 員工支持與訓練體系

　　ZARA 作為 Inditex 集團旗下的全球快時尚龍頭品牌，不僅以其強大的供應鏈速度與時尚反應力聞名，其於全球門市對員工教育與全方位支持的規劃，也是提升營運韌性與品牌服務水準的重要基石。

完整的人才發展及心理健康架構

1. 全方位教育與訓練資源整合

　　ZARA 建構跨地區通用的教育平台與實體培訓機制，為員工提供角色導向的系統課程，包括產品熟悉、門市運作、銷售技巧與品牌理念等。

　　例如：其開設的「Zara School」持續向門市人員提供進修與專業知識訓練，以及技術與服務能力提升機會。

　　此外，透過全球網路訓練系統與實體門市課程（如 Campus Store 分類訓練），強化理論與實務的銜接，有助新進與既有員工掌握品牌服務流程與核心價值。

2. 員工健康與情緒支持機制

　　Inditex 集團強調「優質且穩定的工作機會」與「員工福祉」對營運持續發展之重要性，涵蓋心理健康的保護也是其核心議題之一。

　　在多國據點提供員工協助方案（EAP）與心理支持熱線，陪伴員工面對壓力、家庭困難、情緒挑戰等生活層面的問題，提升整體福祉與生產力。

　　這樣的健康措施可減少病假缺勤，改善員工敬業度，並降低流動率。

3. 顧客互動品質回饋制度

ZARA 建立定期蒐集顧客意見的機制，不僅用於優化服務流程，也用以更新教育內容。透過門市與線上服務團隊回饋，回饋至培訓模組中，使員工能在實際應對高壓場景時具備應變能力。

服務品質與員工自信的培養

1. 情緒管理與非侵犯性溝通技巧

從全面教育體系與健康支持制度可看出，ZARA 著重於培養員工在高壓且變化快速的門市環境中應對各種顧客反應的能力。這包含非暴力溝通、情緒調節技巧等，協助員工處理情感挑戰、維持情緒穩定與專業服務品質。

2. 建構心理韌性與團隊支持

ZARA 的教育訓練與支持系統中強調跨部門合作與支援，可見線上線下角色扮演、門市回饋與同儕支持的間接機制。此外，Inditex 推廣「安全與健康環境」政策，也有助於營造支持員工心理韌性的組織文化。

整合制度與文化的信任建立效益

1. 提升員工留任率與服務穩定度

透過完善教育、心理支持與成長機會，員工將感受到工作重視、價值肯定與成長空間，進而提升忠誠度與留任率，特別在零售業流動率高的環境下發揮關鍵作用。

2. 穩定顧客體驗與滿意度

情緒穩定且服務一致的員工，更能提供品牌標準化的體驗，強化顧客信任與滿意，進而透過口碑效應轉化為品牌忠誠度與再購意願。

3. 內外文化價值落地

ZARA 及 Inditex 強調「文化一致性」、「健康職場」與「顧客中心主義」作為企業核心價值，訓練與支持體系即是這些價值實踐的載具，具體強化品牌在前線的文化體驗。

> **綜合觀點**
>
> 在全球百貨零售面對高壓工作狀況的年代，從 ZARA 的官方報告可見其核心架構與實務做法。這樣的做法提供給其他服務業一個有力參考：心理防護若與訓練系統整合，使之成為文化 DNA，就能在高負荷營運下維持員工健康與品牌競爭力。

第十章
法律與道德的防線：奧客行為的界限劃設

第十章　法律與道德的防線：奧客行為的界限劃設

第一節　奧客行為的法律定義與邊界

奧客行為的規範與界定，首需透過法律的視角清楚劃設界線。從法律觀點來看，奧客行為一旦超越合理消費者權益的表達，進入到侮辱、威脅、強迫交易或擾亂公共秩序，便已構成違法。各國法規雖有所差異，但普遍透過「侵權行為」、「強迫罪」、「妨害名譽」與「公然侮辱」等罪名來約束。

在臺灣，除了《刑法》第 305 條恐嚇危害安全罪，還有《刑法》第 309 條公然侮辱罪，針對顧客對服務人員的言語侮辱有明確法律依據。再如《社會秩序維護法》，對於店鋪內的滋事、擾亂營業行為亦有明文規範。此外，臺灣的《消費者保護法》雖保障消費者權益，但同時也不鼓勵濫用權利，若消費者行為已構成不當，企業有權依法處置。

日本對惡質顧客（モンスタークレーマー）的防範逐年完善，並透過經濟產業省發布指導方針，協助企業區分「正當客訴」與「惡意客訴」，同時企業若遭遇恐嚇、敲詐等行為，可依《刑法》處置並報警處理。

在美國，許多州的法律對顧客行為也有清楚規範。例如加州立法針對不正當、欺詐或非法的商業行為有廣義的約束力，當顧客以詐欺、威脅手段干預商業活動時，企業可主張合法防衛。

法律定義之外的實務挑戰

然而，奧客行為的界線在實務上並非總能一刀切。許多行為處於「灰色地帶」，如顧客情緒失控但未達恐嚇或侮辱標準，或者連續小額投訴卻無明顯惡意。此時，企業需結合法律諮詢與內部政策，從證據蒐集、情緒判讀到行為判定，形成一套「準司法化」的內部評估機制，避免僅依個案感受做出判斷，導致法律風險或形象損害。

法律與組織政策的結合

企業應將法律框架融入日常管理,透過以下措施強化防線:

- 文化的顧客行為準則:透過公告、契約條款等方式,清楚界定顧客的不當行為與後果,如永久拒絕服務。
- 蒐證標準作業流程(SOP):包括錄音、錄影、書面記錄,確保在法律訴訟或調解時有足夠證據支持。
- 法律諮詢與即時支援:與律師或法務顧問合作,建立快速諮詢通道,協助第一線主管或員工做出合規判斷。
- 員工法律教育與訓練:定期教育員工辨識奧客行為的法律邊界,培養合法應對的素養。

心理防線的法律支撐

奧客行為的法律劃界不僅是組織防衛,更是員工心理安全感的來源。當企業明確表態「不縱容、不姑息」,員工將有足夠心理支撐去應對壓力與挑釁,避免陷入「顧客至上」的自我壓迫。這種法律與心理的雙重防線,有助於形成組織文化中的信任與穩定,讓員工更專注於專業服務,而非時刻擔心「萬一惹怒顧客」的焦慮。

綜合觀點

奧客行為的法律定義與邊界,並非僅是法條的機械解讀,更須結合企業政策、員工教育與心理支持。透過法律的明確劃線、政策的精準執行與文化的持續塑造,企業才能在保障員工尊嚴與維護顧客關係之間,劃出一道清晰且堅固的界限。這不僅是企業的法律責任,更是對員工身心健康的長遠投資。

第二節　消費者權益法與企業應對策略

消費者權益保護法是保障消費者在交易過程中權益的重要法律依據。它賦予消費者在商品選擇、資訊知情、售後保障等多方面的權利，為消費者提供法律上的防護罩。然而，這部法律雖然是保障消費者免於不公平對待的利器，卻也常被部分顧客誤解甚至濫用，成為奧客行為的庇護所。

消費者權益法的核心內容

以臺灣《消費者保護法》為例，行政院消費者保護處與消基會等權威單位長期整理並推廣下列八項消費者權益：

(1) 基本需求權：消費者有權獲得維持生活基本所需之物質與服務。

(2) 安全權：有權要求商品或服務符合安全標準，不危及生命、身體或財產。

(3) 知悉（正確資訊）權：可取得真實、完整的商品或服務資訊，利於做出明智選擇。

(4) 選擇權：消費者能在公平競爭市場中自由選擇商品或服務。

(5) 表達意見權（申訴與意見表達權）：有權對消費相關公共政策與個別案例提出意見。

(6) 請求賠償權：購買瑕疵商品或接受服務不符者，有權請求合理賠償。

(7) 消費教育權：有接受消費者教育、取得消費知識與技巧的權利。

(8) 健康環境權：有在安全、不受威脅並保有人性尊嚴環境下消費的權利。

這些權利的設立本意在於平衡消費者與企業之間的資訊不對等，防範商家不實行銷或劣質商品的侵害。然而，當顧客誤將這些權利視為「無上限的消費者優勢」，便滋生了「權利霸凌」的奧客行為。

奧客與消保法的誤用與濫用

部分奧客會以消保法為名進行不合理的索賠、威脅甚至恐嚇，例如：

- 利用知悉權要求超出合理範圍的內部資訊披露；
- 以表意權為由，要求企業在不合理條件下無條件退貨或換貨；
- 動輒以「我要告到消保官」來要脅門市人員，營造心理壓力。

這些行為若無適當的企業應對策略，不僅削弱企業的服務正義，也讓前線員工的心理防線日益脆弱。

企業的合法應對策略

1. 建立權利與義務並重的政策聲明

在所有公開文件、網站與門市明示消費者權利同時，亦應強調消費者的「誠信義務」，如不得虛假陳述、不得濫用申訴權利等，讓消費者知道「權利非無限」的法律與道德框架。

2. 制定標準應對流程（SOP）

設計內部 SOP 來應對顧客申訴，區分「正當客訴」與「惡意投訴」。如遇反覆無理要求的顧客，SOP 中應明訂轉交法務部門或管理階層介入的時點與標準。

3. 積極的法務支援

企業應與專業律師團隊合作，針對奧客濫用消保法的行為進行法理分析與應對，適時主張法律防衛權，如提告妨害名譽、恐嚇或毀謗。

4. 教育員工法律與心理應對知識

透過定期教育訓練，強化員工對消費者權益法的認知，培養法律意識與心理應對技巧，避免因不了解法律而妥協或反應過激。

政府與企業的共治合作

為避免消保法成為奧客的工具，政府與企業可攜手合作：

1. 加強消費者義務的社會宣導

透過消費者教育、公共宣導等方式，強調消費者在享有權利的同時，也有遵守誠信與尊重他人的義務。

2. 建立公平的申訴仲裁平臺

政府可設立更有效率與公正的申訴調解平臺，協助企業與消費者在合法、公平的前提下處理爭議，降低企業單獨面對奧客的風險。

歐美對濫權消費者的法律設計

在美國，雖強調消費者權益，但如消費者提出虛假陳述或惡意投訴，企業亦可依「惡意濫訴」或「商業干擾罪」提起反訴，捍衛商譽與營運權益。

英國消費者權利法雖保護消費者，但也設有防濫權條款，對於反覆不實投訴的顧客，企業有權拒絕服務，並通報至相關機構，以防止制度性濫用。

綜合觀點

消費者權益法是平衡消費者與企業的利器,唯有透過法律、企業政策與社會教育的三方共治,才能避免權利的濫用,防堵奧客行為的擴張。企業應積極透過制度設計與法律防線,讓消費者明白「權利不是無限的武器」,而是一種與誠信、尊重並存的雙向契約。

第十章　法律與道德的防線：奧客行為的界限劃設

第三節　企業道德與心理防衛的雙重守門

在奧客行為頻發的消費環境中，企業僅靠法律制裁與規範並不足以全面防範，還需從道德層面與心理防衛兩端建構起堅實的雙重守門。這不僅關乎企業維護員工尊嚴的責任，更涉及品牌聲譽的長期穩固與企業文化的深化。

企業道德的界線設計

企業道德是一種超越法律的組織行為準則，指引企業在模糊地帶做出符合公平、尊重與誠信的決策。面對奧客，企業應以「道德底線」明確劃定可接受與不可接受的顧客行為。

此道德底線需透過公開的顧客互動政策、門市告示與官方網站聲明具體呈現。例如：

- 明示企業對辱罵、威脅或性騷擾員工的零容忍政策；
- 強調企業尊重消費者權益，但同時要求顧客在申訴過程中遵守基本禮儀與尊重；
- 公開承諾當員工尊嚴受侵害時，企業將主動介入，甚至拒絕繼續提供服務。

透過這些道德立場的透明呈現，不僅教育顧客「服務是雙向尊重」，更強化員工面對奧客時的心理支持與行動準則。

心理防衛的組織制度

心理防衛指的是組織為了保護員工心理健康，預防因奧客壓力造成情緒枯竭、職場倦怠與創傷後壓力症候群（PTSD）而設計的系統性機

制。有效的心理防衛機制包括：

- 心理安全政策：組織明確定義何種顧客行為屬於「心理傷害」，如辱罵、侮辱人格等，一旦觸及，員工可立即中止服務並啟動上報機制。
- 即時情緒支援：設置情緒支援員或心理諮商通道，讓員工在遭遇奧客後，能迅速獲得心理協助。
- 情緒復原訓練：定期對員工進行心理韌性訓練，如正念減壓、壓力管理與情緒調節技巧，幫助員工建立自我修復能力。

道德與心理防衛的協同作用

道德與心理防衛的雙重守門，不應是兩套孤立機制，而是相輔相成的防護網。當企業道德文化清晰明確，員工對組織的價值觀與支持信念將更加堅定，面對奧客時心理防衛機制的啟動才會具備正當性與執行力。

例如：當門市員工遭遇顧客辱罵時，若企業平日已透過道德宣導強化「員工尊嚴優先」的價值，員工在啟動心理防衛機制（如暫停服務、尋求主管協助）時，不會擔心事後遭責難或被認為「不夠服務導向」，反而更能自信且專業地維護自身權益與品牌形象。

Costco 的會員道德契約

美國 Costco 長期以「會員制」維繫顧客關係，其會員條款中明訂若會員行為不當，企業有權取消會員資格。此舉不僅是法律操作，更是企業道德的展現，向所有會員宣示「誠信與尊重」是會員與企業之間的基礎契約。此制度不僅讓員工感受到組織的支持，也讓顧客知道企業重視的是「公平而非討好」。

結合道德與心理的品牌策略

當道德與心理防衛深植於企業文化，最終將轉化為品牌的核心競爭力。員工不再僅是執行者，而是品牌價值的實踐者。顧客在每一次互動中，也能感受到品牌對尊重、誠信與正義的堅持，進而對品牌產生更深的認同與信賴。

綜合觀點

企業道德與心理防衛的雙重守門，不僅是保護員工的機制，更是企業面對奧客時自我保護與品牌經營的長遠策略。透過制度化的道德界線與心理支援，企業方能在激烈的市場競爭與多變的顧客行為中，穩固其服務底線與品牌高度，最終實現永續經營與員工幸福的雙重目標。

第四節　黑名單制度的心理效果與實務設計

面對奧客行為日益頻繁與多樣化，企業若無明確的應對機制，將導致前線員工不堪重負，進而影響服務品質與品牌形象。黑名單制度便是在法律與道德的雙重基礎上，為企業與員工構築的一道心理與制度性的防線。

黑名單制度的心理效果

對前線員工而言，黑名單制度不僅是對企業維權的實質手段，更是一種心理保障。它向員工釋放了三層次的心理支持訊號：

- 組織支持感：明確告知員工「你不是孤軍奮戰」，當面對無理顧客時，企業有具體的制度作為後盾。
- 尊嚴維護感：員工知道自身的尊嚴與心理健康被重視，不需為了「顧客至上」而一再妥協或壓抑情緒。
- 行為自信感：有黑名單制度的支撐，員工在應對奧客時更有信心適度劃界與拒絕無理要求，減少情緒性反應與服務冷漠。

黑名單的實務設計原則

一套完善的黑名單制度，應包含以下幾項設計要素：

1. 明確的納入標準

清楚界定哪些顧客行為將被列入黑名單，如持續性騷擾、反覆無理投訴、威脅與恐嚇等，避免因員工主觀感受而誤傷顧客。

2. 多層次審核機制

黑名單應由前線主管、法務與管理層共同審核,確保記錄的客觀性與合法性,並建立審核紀錄備查。

3. 顧客告知與申訴機制

當顧客被列入黑名單時,企業應以正式通知方式說明原因,並提供申訴與解釋的管道,維護制度的透明度與公正性。

4. 資料保護與合規

顧客黑名單的資訊須符合法律對個資保護的規範,避免因資訊外洩衍生法律風險與企業信譽受損。

黑名單的企業運用模式

在實務運作上,黑名單制度可細分為:

- 內部黑名單:僅限企業內部使用,協助前線員工辨識風險顧客,並調整服務應對策略或限制服務範圍。
- 跨店共享名單:適用於連鎖企業,透過系統共享,避免奧客在不同門市重複為非,提升組織整體風險管控能力。
- 行業聯盟名單:在法律允許範圍內,行業間可建立黑名單聯盟,如航空、金融等高風險行業,以提升整體產業的防護力與顧客服務標準。

黑名單的倫理與法律挑戰

儘管黑名單制度具備顯著的管理效果,但亦存在倫理與法律上的挑戰,如:

第四節　黑名單制度的心理效果與實務設計

- 是否會因記錄不當而侵犯顧客權益？
- 黑名單資訊的保存期限與刪除機制如何設計？
- 是否給予顧客合理的申訴與復原機會？

企業在設計與執行黑名單時，需與法務及倫理委員會密切合作，確保制度既能達到防範效果，也不損害企業的社會責任與形象。

綜合觀點

黑名單制度是企業面對奧客行為的重要防禦手段，不僅強化了員工的心理安全感，更透過制度的公正性與透明度，維持企業與顧客間的信任平衡。當黑名單制度結合合法性、倫理性與操作性，企業才能在保護員工與服務品質的同時，避免陷入濫權與品牌風險的雙重困境，最終建立一個公平、有序且尊重雙方權益的消費環境。

第五節　公平交易與誠信經營的心理意涵

在當代商業環境中，公平交易與誠信經營早已不僅是法律層面的規範，更是深植顧客與企業互信基礎的心理契約。面對奧客現象的蔓延，企業若僅以懲戒性工具應對，恐無法從根本化解問題，必須回歸公平交易與誠信經營的本質，才能在制度與文化上形成有效的心理防線。

公平交易的心理學基礎

公平交易在心理學上涉及「程序正義」與「分配正義」的理論。顧客在消費過程中，若感知到交易程序公開透明、企業遵循合理規範，便會在心理上產生「被公平對待」的正向感受，進而降低不滿情緒與奧客行為的觸發機率。

相對地，當企業在交易條件、資訊揭露或售後服務中存在灰色地帶或模糊條款，即便顧客最初未抱持敵意，後續若產生爭議，也容易因「感知不公」而轉變為攻擊性投訴或不理性爭執。

誠信經營的品牌資產

誠信經營則是企業長期累積品牌信任的重要資產。誠信意味著企業在交易、宣傳與客訴處理上的一致性與透明性，讓顧客相信企業不僅重視利益，更重視道德承諾。

心理學家羅伯特・席爾迪尼（Robert Cialdini）在《影響力》一書中提出的「一致性原則」指出，人們傾向信任那些行為前後一致、遵循既定承諾的對象。延伸到企業經營，若企業在服務與應對標準上始終如一，無論面對理性顧客或奧客，都能堅守誠信原則與規範，不僅強化顧客信賴，也有助於品牌在社會輿論中建立「堅持原則、值得信賴」的形象，形成品牌的社會防禦力。

公平與誠信如何遏止奧客行為

1. 降低資訊不對稱
企業需在產品資訊、定價與服務條款上做到清晰公開，避免顧客因資訊不明而產生猜疑或受騙感，減少糾紛源頭。

2. 建立公平的申訴機制
設立獨立、公正的客訴處理流程，並邀請第三方監督，確保處理過程公正透明，降低顧客對企業處置的敵意與不信任。

3. 實踐企業承諾
無論行銷承諾或客訴回應，企業須做到「說到做到」，建立顧客對品牌誠信的心理認同。

4. 平衡權利與義務
透過企業公告與政策宣示，強調消費者擁有權利的同時也需履行合理義務，如配合調查、尊重服務人員等，促進心理對等的交易關係。

心理意涵與品牌防禦力

公平交易與誠信經營的深層心理意涵在於，它賦予企業一種「預防性信任屏障」，讓多數顧客即便在消費體驗不如預期時，也不會輕易走向奧客行為的極端，因為其對企業的信任尚未破產。此外，當企業在公正與誠信上的堅持成為品牌文化時，社會輿論對奧客行為的容忍度也將降低，形塑出一種「品牌共識防禦圈」。

第十章　法律與道德的防線：奧客行為的界限劃設

> **綜合觀點**
>
> 公平交易與誠信經營不僅是商業行為的基礎，更是企業應對奧客行為的心理戰略。透過在交易、服務與客訴處理中不斷強化程序正義與道德一致性，企業將能有效降低奧客行為的發生率，並在消費市場中建立一種深具防禦力與韌性的品牌信譽。最終，誠信經營與公平交易不只是防衛機制，更是企業與顧客共同維護的心理契約，讓消費成為一種互信而非對立的社會行為。

第六節　法律教育如何規範消費行為

在奧客現象愈加多樣與複雜的當代消費環境中，單靠企業自律與制度規範難以全面遏止不當顧客行為。此時，法律教育便成為一項關鍵的社會工程，透過普及性的法治教育與消費者倫理養成，提升大眾對消費者權利與義務的正確認知，從根本約束與規範奧客行為的滋生。

法律教育的社會功能

法律教育不僅是對法律條文的知識傳授，更是對公民行為準則的潛移默化。當消費者理解消費過程中存在的法律邊界，便能在行使權利的同時，清楚知道哪些行為可能已觸及違法甚至侵害他人權益。

例如：若大眾普遍理解《刑法》中關於恐嚇、侮辱、公然侮辱或強制罪的構成要件，便不會輕易在消費爭議中以言語威脅或羞辱服務人員，避免奧客行為在無知中被正常化與正當化。

消費者法治素養的培養

消費者法治素養的培養，應從以下三大面向著手：

1. 權利與義務並重的觀念灌輸

教育大眾理解消費者不僅擁有知情、選擇與申訴的權利，亦有尊重服務人員、誠信互動的義務。

2. 法律後果的警示教育

透過案例分享與法律後果的明示，讓消費者理解奧客行為可能帶來的刑事與民事責任，如誹謗、侮辱、妨害名譽等罪名的實際判例。

3. 消費倫理的價值導向

強調「對的消費態度」不僅是法律的要求，更是公民素養的展現，透過價值教育提升整體社會的消費文明水準。

教育推動的國際經驗

在日本，政府推行《消費者教育推進法》，將消費者權利與義務教育納入學校正式課程，從小培養學生對公平交易、理性消費與誠信互動的認知。透過教材、情境模擬與案例討論，讓未來的消費者自小建立正確的消費價值觀與法治意識。

歐洲則普遍重視「公民教育」中的消費者權益單元，結合金融素養、法律知識與道德教育，透過跨學科的方式建構未來消費者的法律與倫理防線。

法律教育的企業應用

除了政府推動外，企業也應在消費者接觸點融入法律教育的元素，如：

- 交易前資訊揭露：清楚標示交易條款、退換貨規則與顧客義務，避免資訊不對稱導致的糾紛。
- 服務現場的法治宣導：在門市、官網等處設置「公平交易與顧客行為規範」公告，提醒消費者應守的法律與道德規範。
- 顧客教育活動：定期舉辦消費者法律與權益講座，透過專業律師解說，強化消費者對自身行為的法律後果認知。

法律教育對企業文化的影響

當企業將法律教育內化於顧客互動與品牌文化中，員工也能因為企業的法治精神而更有信心應對奧客。例如：若員工知道企業有明確的法律應對政策與顧客行為規範，便不會在面對奧客時陷入自我懷疑或恐懼，形成心理上的「法律後盾」。

綜合觀點

法律教育是遏止奧客行為的長效機制，透過全社會的法治宣導與消費倫理教育，能從根本改變消費者行為的文化土壤。企業與政府若能攜手推動法治教育，不僅能提升全民的消費素養，也將為企業創造更理性、尊重與公平的服務環境，最終實現企業、員工與顧客的三贏局面。

第十章　法律與道德的防線：奧客行為的界限劃設

第七節　組織的法律 SOP 與員工教育

面對奧客行為的法律與道德邊界，企業僅靠事後補救或臨場應變遠遠不夠，建立完善的法律標準作業流程（SOP）與持續性的員工法律教育，才是防範與應對奧客行為的根本之道。這不僅是維護企業權益與員工尊嚴的保障，更是組織文化成熟度與品牌韌性的展現。

法律 SOP 的組織價值

法律 SOP 是企業針對消費糾紛、奧客行為與潛在法律風險所設計的應對流程，確保每一位員工在面對法律挑戰時，能有章可循，避免因情緒或認知不足導致處置失當甚至觸法。SOP 的設計不僅涵蓋應對行為，更是風險控管與法律合規的落實。

法律 SOP 的核心內容

1. 奧客行為辨識指標

訂立清晰的行為界線，協助員工快速辨識哪些顧客行為已經超出合理範圍，觸及法律風險。

2. 蒐證流程與標準

指導員工在面對不當顧客時，如何合法且有效地蒐集證據，包括錄音、錄影、對話紀錄、第三方見證等，並確保不侵犯顧客隱私或觸法。

3. 內部通報機制

明訂員工遭遇奧客或法律爭議時的通報流程，包含通報對象、通報內容格式與緊急應變等級分類，確保組織能即時介入支援。

第七節　組織的法律 SOP 與員工教育

4. 法律顧問支援

建立法律顧問或法務部門的即時諮詢機制，協助員工與主管快速獲得專業法律意見，降低誤判風險。

5. 顧客行為記錄與黑名單管理

在合法合規前提下，記錄屢次不當行為的顧客，並設有黑名單申請與審核機制，以便在不違反個資法的情況下進行內部風險控管。

6. 後續法律行動標準

規範何種情況下企業可主動採取法律行動，如提告毀謗、恐嚇、妨害名譽等，並搭配對外新聞說明或公關應對，維護品牌形象。

員工法律教育的戰略意義

完善的 SOP 必須配套員工法律教育，才能轉化為實際的應對力。透過法律教育，員工不僅能掌握法規知識，還能在心理層面建立「合規自信」，不再因面對奧客而感到孤立無援或舉措失當。

法律教育的核心主題

1. 消費者權益法規

教育員工理解消費者權益的合理範圍與企業的合法責任，避免過度讓步與錯誤解讀。

2. 刑事與民事責任

解說恐嚇、侮辱、誹謗、強制等刑事責任的構成要件，讓員工能在第一時間辨識顧客行為是否觸法。

3. 個資法與隱私權

強調在蒐證與資料記錄過程中，需遵循個資法規範，避免因舉證過程反遭顧客提告侵犯隱私。

4. 法律應對話術

設計一套法律合規的應對話術，讓員工在提醒顧客行為不當時，能兼顧專業與法律正當性。

5. 心理素養與法律防衛

結合心理教育，提升員工在高壓與情緒對撞情境下的穩定度與法律應對能力。

教育實踐案例

美國零售巨頭 Walmart 設有完整的法律教育模組，涵蓋顧客服務中的法律應對、個資保護、蒐證指南與黑名單管理。透過線上課程、實體訓練與情境模擬，強化員工的法治意識與應變能力，並定期更新教材，因應法律環境與消費行為的變化。

綜合觀點

組織的法律 SOP 與員工法律教育，不僅是應對奧客的戰術工具，更是企業長期風險控管與文化深化的戰略部署。透過制度與教育的雙輪驅動，企業不僅能保障員工心理與法律安全，更能提升品牌在顧客與社會間的公信力與專業度，最終構築一套兼顧人本關懷與法律剛性的組織防線。

第八節　法律與道德的防線延伸：道德風險、倫理心理學與法律心理學的企業應用

在面對奧客行為時，法律與道德的界限不僅止於規範，更是企業在實務操作中不可忽視的策略防線。傳統的法律條文與企業道德宣示，若缺乏具體的心理學應對策略與制度化的道德風險管理，無法真正平衡顧客權利與員工保護的需求。以下將透過倫理心理學、法律心理學與道德風險管理的角度，剖析企業應如何應對奧客問題，並建立可行的防禦與修復機制。

道德風險管理：企業制度的第一道防線

道德風險原指個人在無需承擔完全後果時，易於採取冒險或不當行為。應用於服務業，當顧客深知企業基於服務原則與品牌聲譽，極少對客訴設下限制，部分顧客便可能濫用此優勢，形成奧客行為。為此，企業須透過以下機制管理道德風險：

- 黑名單與信用分級制度：如航空業即有黑名單制度，針對言語暴力、身體威脅等極端行為的顧客，永久拒絕其搭乘權利。
- 差異化補償標準：設計顧客信用評分，根據顧客歷史互動紀錄決定補償幅度，防止惡意顧客不當得利。
- 透明公開的服務規範：讓顧客清楚知悉權益範圍與服務人員保護機制，避免因資訊不對等產生不合理期待。

第十章　法律與道德的防線：奧客行為的界限劃設

倫理心理學的應用：界定顧客與員工的道德責任

倫理心理學（Moral Psychology）研究人類在道德判斷、責任感與倫理決策中的心理運作。企業若能透過此理論，教育顧客與員工彼此的道德責任與界限，便能減少價值觀落差帶來的衝突。

- 員工倫理訓練：客服人員接受倫理判斷與情緒管理訓練，學習在尊重顧客權益的同時，維護自我尊嚴與企業原則。
- 顧客道德教育：透過官網、購買流程、會員制度中，傳遞「理性消費、善待服務者」的品牌價值觀，塑造品牌與顧客共享的倫理契約。

法律心理學的企業實踐：預防性法律教育與介入

法律心理學專注於法律行為中的心理歷程，如作證、認知偏誤與法律教育的影響。企業可運用此理論設計預防與處理奧客的實務策略：

- 法律知識普及：教育員工基本的法律知識，如誹謗、妨礙名譽、職場騷擾定義，使其能在奧客行為觸法時及時應對。
- 法律顧問即時介入機制：建立快速法律諮詢系統，當顧客行為疑似違法時，員工可即時取得法律建議與支援，提升應對信心。
- 預防性聲明：在購買、服務合約或消費提醒中明示企業的法律底線與顧客的法律責任，如「本企業尊重顧客權益，亦保留依法保障員工尊嚴與安全的權利」。

四、企業的制度設計案例

1. Apple 的權益平衡政策

對於反覆不合理退換貨的顧客，蘋果公司保有拒絕交易的權利，並透過系統記錄交易異常，確保員工不因害怕投訴而妥協原則。

2. 星巴克的安全機制

公司於美國部分門市試行「櫃檯緊急按鈕」，由店內員工在遭遇安全威脅或衝突升高情緒時使用，按下後可自動鎖門並通知門市安全小組。不過這項裝置目前僅限極少數分店試用，並非全面推行。並在全球店鋪培訓顧客服務中的自我保護與合法，平衡服務與人身安全。

五、制度化的倫理與法律協作框架

企業可建立跨部門的「倫理與法律風險委員會」，由法務、HR、客服與行銷部門共同制定：

- 員工保護政策與心理健康支持
- 顧客行為規範與宣導計畫
- 高風險顧客應對 SOP
- 定期法律與倫理風險評估

綜合觀點

奧客行為的防範不只是道德呼籲或法律威懾，更需透過道德風險管理、倫理心理學教育與法律心理學介入，建立一套制度化、心理學化、法律化的全方位應對機制。如此，企業才能真正達到「尊重顧客，保障員工」的雙重平衡，讓服務場域成為一個安全、尊嚴與專業並存的空間。

第十章　法律與道德的防線：奧客行為的界限劃設

第九節　案例：Delta Airlines 的黑名單應用模式

在全球航空業競爭白熱化且安全壓力倍增的情境下，Delta Airlines（達美航空）透過其嚴謹且公開的黑名單應用制度，成為企業如何有效運用法律與制度應對奧客的最佳實踐範例。此案例不僅彰顯黑名單制度的法理基礎與運作機制，更顯示其對員工心理防線與品牌信譽的深層影響。

制度設計與法律依據

Delta Airlines 的黑名單制度立基於美國航空法與聯邦航空總署（FAA）的規範。凡顧客於航程中有以下行為，即被視為列入黑名單的潛在對象：

- 機上暴力與威脅行為：包含對乘務員或其他乘客的身體攻擊、威脅與辱罵。
- 違反安全規範：如拒絕配合佩戴口罩、干擾安全示範、違反禁菸規定等。
- 騷擾與歧視：涉及性騷擾、種族歧視或宗教偏見的言行。

此制度結合錄影、錄音、乘務員證詞與其他乘客佐證，並由專責部門進行審核與法務判定。若確定成立，不僅永久拒絕該顧客搭乘，並可能通報 FAA 或聯邦執法機關，啟動刑事責任追究。

員工心理支持與制度效益

此黑名單機制對 Delta Airlines 的前線員工產生了極大正向效應：

- 心理安全感提升：員工知道企業願意在面對不當顧客時，選擇站在員工一方，形成心理上的強力支援。
- 應對自信增強：明確的制度支撐，使員工在高壓服務時能依循標準應對，不因擔心企業姑息而情緒失控。
- 服務品質穩定：減少服務人員因情緒耗損導致的服務冷漠或怠惰，保障顧客整體搭乘體驗。

對顧客行為的潛在影響

Delta Airlines 透過對外公開黑名單政策與執行案例，強化了顧客對於航空安全與行為規範的認知。顧客行為因此更加自律，奧客行為的發生率大幅下降，企業社會形象與品牌信譽亦同步提升。

法律與社會倫理的平衡

在執行過程中，Delta Airlines 亦特別重視法律與倫理的平衡。對被列入黑名單的顧客，企業提供申訴機制，確保決策的正當性與透明度。同時，透過對內教育與對外溝通，維護制度的社會接受度，避免陷入「企業濫權」的負面輿論。

影響與啟發

Delta Airlines 的黑名單制度也啟發了全球航空業與其他高風險服務業，如金融、零售與醫療機構，紛紛研究與導入類似的顧客風險管理制

第十章　法律與道德的防線：奧客行為的界限劃設

度。此舉不僅優化了行業標準，更推動企業社會責任（CSR）從員工保護擴展至顧客行為規範，形成全方位的品牌防衛。

> **綜合觀點**
>
> Delta Airlines 的黑名單應用模式，展現了企業在面對奧客行為時，如何透過制度、法律與心理支持的三位一體策略，兼顧員工福利、顧客服務與企業形象。對所有服務型產業而言，建立一套符合法律、尊重倫理且具操作性的黑名單制度，將是未來維護組織韌性與永續經營的關鍵途徑。

第十一章
讓投訴變成掌聲：
品牌心理修復與顧客轉化

第一節　投訴心理的本質與顧客需求曲線

奧客的投訴行為，往往不僅僅是對產品或服務缺失的反應，更是對心理需求未被滿足的激烈反彈。這類投訴背後，深藏著顧客對自我價值、權力感與尊嚴的高度需求。當顧客自覺在消費關係中地位不對等，或感受被忽視與輕視時，奧客行為便以投訴作為心理補償的手段。

投訴行為的心理本質

心理學家亞伯拉罕・馬斯洛（Abraham Maslow）提出的需求層次理論，揭示了奧客投訴行為的根源：從基礎的商品功能不滿，到安全感缺失、社會認同需求受挫，再到自尊與自我實現的挑戰，任何一環的不滿足，皆可能轉化為激烈投訴或情緒性指責。

此外，認知失調理論亦解釋了奧客投訴的心理機制。當消費者的期待與現實產生落差時，心理上為了減輕不協調感，會透過投訴、批評或放大問題來平衡內心的不安與憤怒。對奧客而言，投訴不僅是反應問題，更是一種捍衛自我判斷與消費決策正當性的手段。

奧客的需求曲線與情緒波動

奧客的需求曲線與一般顧客不同，他們對於服務的期待值本就偏高，且缺乏對品牌或服務的信任基礎，因此任何微小的不滿都可能被視為「全盤失敗」的信號。當奧客發動投訴，其情緒曲線呈現高強度、低耐受的特徵，稍有不慎便會墜入極端不滿與公然毀謗的負面循環。

然而，企業若能在奧客投訴的情緒峰值時即時介入，採取強而有力的心理安撫與專業應對，便有機會將情緒拉回理性軌道。尤其在顧客情

緒波動的「黃金調解期」，即投訴發生後的 24 小時內，企業若能展現超越期待的回應，往往能逆轉奧客對品牌的全面否定態度。

投訴背後的潛在心理補償

奧客投訴的本質，潛藏著對自我效能感的補償需求。當顧客在消費場域外缺乏掌控感或自尊受挫，便傾向在投訴過程中尋求權力的補償。透過投訴帶來的企業低頭、賠償或重視，奧客得以在心理上重建權力感與存在價值。

因此，企業在應對奧客投訴時，若僅以冷冰冰的標準回應與制式賠償，不僅無法滿足其心理補償需求，反而會激化對立，導致奧客將不滿轉向社群媒體的公審與負評攻勢。相反地，若企業能透過同理、情緒安撫與「權力感回饋」，如讓奧客參與改善方案或提供決策影響力，則能有效削弱其敵意。

企業應對奧客投訴的需求曲線管理

企業在面對奧客投訴時，應從以下策略管理需求曲線：

- 即時高規格回應：針對奧客的投訴，應以高於一般顧客的回應標準與速度處理，避免情緒惡化。
- 情緒價值補償：超越物質賠償，透過專屬管道、專責人員與個人化關懷，讓奧客感受到「被特別重視」。
- 轉化參與機制：引導奧客由批評者轉為參與者，如邀請其成為「體驗顧問」、「服務監督」，透過角色轉換平衡心理補償需求。
- 情緒回訪與關係修復：問題解決後，持續進行情緒回訪，確認奧客的滿意度與情緒穩定，並適時提供額外驚喜與善意，重建品牌印象。

第十一章　讓投訴變成掌聲：品牌心理修復與顧客轉化

> **綜合觀點**
>
> 奧客投訴的背後，是一條情緒起伏與心理補償交織的需求曲線。企業唯有掌握其心理機制與情緒節奏，設計出針對性的應對策略，才能將原本劍拔弩張的投訴現場，轉化為品牌重塑信任、修復關係的契機。當奧客發現自己的聲音不僅被聽見，還被賦予影響力，其對品牌的評價與態度，便可能從敵意轉為認同，從挑釁者轉為未來的潛在擁護者。

第二節　情緒滿意曲線：從負評到好感的心理歷程

奧客的投訴若未被妥善處理，最終往往演變為一則負評，成為品牌形象的公害。然而，從心理學的角度出發，負評的產生、發酵到轉圜，存在著一條情緒滿意曲線。掌握這條曲線的轉折點與修復契機，正是企業將負評轉化為好感甚至擁護的關鍵。

負評的心理動力學

奧客的負評行為，通常始於高度的情緒失衡。根據詹姆斯・格羅斯（James Gross）的情緒調節理論，當個體無法在事件初期調節情緒，便會選擇透過外部行動如負評發洩不滿。對奧客而言，負評不僅是問題的反應，更是對品牌不公待遇的「公審」，其背後是尋求情緒平衡與社會認同的雙重需求。

情緒滿意曲線的三大階段

1. 情緒高峰與評價失衡

奧客在遭遇不滿時，情緒曲線達到高峰，負面評價因此帶著強烈的主觀性與情緒濾鏡。此階段的負評，往往用詞激烈，缺乏理性討論空間。

2. 情緒沉降與認知開放

隨著時間與企業的初步回應，顧客情緒逐漸沉澱。若企業在此時提供同理心回應與解決意願，顧客便會逐漸開放對事件的認知，評價的偏見也開始修正。

3. 正向補償與關係重建

當企業透過實質補償、情緒安撫與超預期的善意行動，顧客的情緒曲線便會轉向滿意，甚至從負評反彈為好評，形成品牌好感的再建構。

負評轉化的心理修復策略

（1）即時情緒介入：企業應在負評出現的黃金 48 小時內介入，因為此時顧客情緒尚未定型，仍有修復空間。

（2）情緒共感對話：在回應中不僅聚焦事實，更需傳遞情緒共感，讓顧客感受到「你被理解了」。

（3）公開回應與私下溝通並行：對於公開負評，企業應展現公開誠意，同時透過私下溝通深入了解顧客真正的不滿點。

（4）心理補償設計：補償不應局限於金錢，更多時候是透過專屬服務、特別關懷或品牌誠意的傳達，讓顧客感受品牌的誠摯。

綜合觀點

情緒滿意曲線的本質，是一場品牌與顧客間的心理賽局。企業若能在情緒曲線的谷底及時伸出修復的手，不僅能阻止負評的擴散，還能透過誠意與專業贏得顧客的再認同。對奧客而言，當負評的宣洩需求被正向回應與情緒補償滿足，其態度也會從敵對轉為合作，最終讓投訴成為品牌信任重建的契機。

第三節　心理契約與品牌修復的信任重建

在奧客投訴與負評的背後，往往隱藏著一份「心理契約」的破裂。心理契約源自組織行為學，原指雇主與員工間未明文協議的期待，在品牌與顧客的關係中，則是顧客對品牌無形中建立的期望與信任基礎。當這份契約因不良體驗而被撕裂，信任破產的風險便隨之而來。唯有透過精準的心理修復機制，品牌方能重建信任，甚至超越顧客原有的期待。

心理契約的破裂與顧客心理

奧客在投訴時，表面上是針對具體的商品或服務缺陷，實則反映心理契約被違背的憤怒與失望。心理學家丹妮絲‧盧梭（Denise M. Rousseau）在心理契約理論中指出，當契約被感知為破裂時，將引發「違約感知」，而這種感知會帶來強烈的情緒反應，如憤怒、失望與敵意。在顧客與品牌的關係中，奧客的投訴行為常是對此違約感知的直接反擊，他們透過激烈或攻擊性的反應，試圖逼使品牌補償他們心理上認為的「失信代價」，藉此修復心理上的不平衡。

品牌修復的信任重建步驟

1. 違約感知的正確認知

品牌須快速辨識顧客的不滿，並準確辨識違約感知的來源，如是品質瑕疵、服務態度還是承諾落差，避免錯置修復焦點。

2. 誠意表態與情緒安撫

初步回應不僅要針對事實，更要釋出情緒安撫的訊號，例如：「我們了解這樣的體驗帶給您的困擾與失望，這絕非我們對顧客的承諾。」

3. 行動型修復補償

針對具體違約的部分，企業需提出實質行動，如退款、更換、額外補償，甚至是升等服務，以彌補顧客的心理預期差距。

4. 信任重塑機制

透過後續的關懷行動，如專屬客服回訪、服務追蹤、誠意回函等，讓顧客感受到品牌非僅止於賠償，而是真心修復關係。

信任重建的心理槓桿

（1）一致性原則：企業的補償與後續行動，須與品牌一貫的價值主張一致，避免顧客認為品牌只是「做做樣子」。

（2）超預期驚喜：在修復過程中加入超預期的驚喜，如專屬折扣、客製化服務或節日關懷，激發顧客的情緒反轉效應。

（3）透明溝通：在修復過程中保持資訊透明，讓顧客了解企業正在做什麼，避免「不知進展」造成的再度不滿。

綜合觀點

心理契約的修復，是品牌與奧客之間的情緒修復與信任重建工程。企業唯有透過精準的違約辨識、誠意的行動修復與信任重塑機制，才能在心理契約的裂縫中搭起溝通與信任的橋梁。當品牌能在一次投訴中展現比平日更高的誠信與溫度，不僅挽回了顧客，更在社會觀感中樹立了值得信賴的企業形象，最終讓奧客轉化為品牌的深度信徒。

第四節　認知失調與態度轉換的策略

奧客的負評與投訴行為，不僅是對服務不滿的情緒反應，更是認知失調的心理投射。認知失調理論由心理學家里昂・費斯廷格（Leon Festinger）提出，指當個體的信念、期待與現實經驗不符時，會產生內在的不協調感，進而引發態度或行為的調整，以修復心理平衡。

奧客的認知失調機制

對奧客而言，當他們對品牌抱持的正面期待，遇到服務失誤或產品瑕疵時，內心的「我選對了品牌」與「這家品牌讓我失望」之間產生強烈張力。這種認知失調若未被及時緩解，便會透過投訴、負評甚至社群攻擊等方式來調節，藉此讓內心的失衡感獲得合理化。

更甚者，部分奧客會強化自身的正當性，透過放大品牌的錯誤，來維護「我沒有選錯」的自尊與消費決策的正當性。此時，若品牌採取防衛或輕忽的態度，只會加劇認知失調，導致顧客態度僵固化，最終成為不可逆的品牌敵人。

態度轉換的企業策略

要化解奧客的認知失調，企業需採取以下策略，協助顧客從敵意轉向理解，從負面認知轉向正向態度：

1. 主動承認錯誤與解釋

面對投訴，企業不應急於自辯，而應先承認問題的存在，並適度解釋造成問題的原因，幫助顧客調節「品牌不是故意的」的認知框架。

2. 提供選擇權與補償

讓顧客在解決方案中擁有選擇權，如退款、換貨或額外補償，讓其感受到控制感，降低無力與受害感。

3. 情緒重塑話術

透過溝通技巧引導顧客重新詮釋事件，如：「這次的經驗確實不如預期，但我們非常重視您的回饋，未來也希望邀請您成為我們改進的見證者。」

4. 積極回訪與正向追蹤

在問題解決後主動追蹤顧客感受，並提供後續驚喜或關懷，強化顧客對品牌誠意的感知，促進態度的正向轉換。

綜合觀點

認知失調是奧客行為的心理根源之一，唯有企業掌握心理調節的技巧與策略，才能在消費決策的自尊防線之外，開啟顧客態度轉換的契機。透過承認錯誤、賦予選擇、情緒重塑與持續回訪，企業不僅能修復品牌信任，更能將原本的奧客轉化為品牌理解者與參與者，實現負評的正向循環。

第五節　顧客參與感與品牌再連結

　　奧客行為的背後，往往蘊含著一種未被滿足的控制感與參與需求。當顧客在品牌互動中失去了話語權或感受不到影響力，便可能透過投訴或負評尋求存在感。若企業僅止於被動應對，無法有效拉近顧客與品牌的心理距離，奧客將不易轉化，甚至強化對品牌的對立心態。因此，透過顧客參與感的設計，能有效重建品牌關係，實現品牌與顧客的再連結。

參與感的心理基礎

　　參與感的形成可追溯至心理學中的自我效能理論，意指個體在參與過程中，感受到自身行動對最終結果具有實質影響的能力。同時，參與也促發心理擁有感，讓顧客對品牌或產品產生「這是我參與創造的」的情感連結。當顧客參與品牌的決策或產品優化過程時，這不僅滿足了控制感與自我效能，也有助於在心理上重建對品牌的信任與認同。

　　對奧客而言，參與感的建立更是情緒修復的關鍵。當企業讓奧客由批判者轉為合作者，其對品牌的敵意便能逐漸轉化為理解與包容，進而形成新的情感連結。

品牌再連結的策略設計

1. 投訴顧客轉為意見顧問

　　企業可主動邀請曾經投訴的顧客，參與產品改良或服務流程優化的工作坊，賦予其建設性角色，轉換原有的對立情緒。

2. 使用者經驗共創計畫

　　透過線上或線下的使用者共創活動，如新品試用、服務流程模擬等，讓顧客參與品牌創新，感受其意見的價值被實踐。

3. 專屬顧客諮詢平臺

設立專屬的顧客意見平臺或社群，邀請高頻互動或曾有不滿經驗的顧客，成為品牌的內部顧問，建立穩定的參與機制。

4. 顧客貢獻回饋計畫

對於提出關鍵性建議或協助品牌改進的顧客，企業應設計具象的回饋機制，如品牌榮譽徽章、專屬折扣或品牌代言機會，強化其參與的榮譽感與歸屬感。

Nike 的消費者共創實踐

Nike 透過「Nike By You」的客製化平臺，讓消費者參與產品設計，從配色、材質到細節皆可自主選擇，這不僅提升了顧客對產品的情感投入，也讓品牌形象更貼近消費者的個性化需求。此外，Nike 亦透過社群活動，邀請消費者參與新品開發的意見回饋，讓顧客在品牌成長中扮演關鍵角色，降低因不滿而產生的疏離感。

綜合觀點

顧客參與感的建構，是品牌修復奧客關係與預防未來投訴的核心策略。當企業不再只是被動處理不滿，而是主動開放品牌共創的入口，奧客便有機會從消極批評者轉為積極參與者。參與感讓顧客在品牌互動中重拾尊嚴與控制權，也讓品牌在消費者心中從冷冰冰的商業體轉變為可對話、有溫度的夥伴關係，最終實現雙向互信的品牌再連結。

第六節　品牌信仰的再社會化過程

奧客對品牌的不滿與對立，往往源於原有品牌信仰的瓦解。當顧客對品牌失去信任，過去的好感與忠誠隨之崩塌，甚至轉為激烈的批評者與負評製造者。此時，企業若欲扭轉態勢，不僅需修補服務與產品上的缺口，更須啟動品牌信仰的再社會化過程，讓顧客重新與品牌價值產生心理連結，重建對品牌的信仰基礎。

再社會化的心理機制

社會化是個體透過與社會、群體互動內化價值與規範的過程。對品牌而言，信仰再社會化指的是透過一系列心理與行為的引導，協助顧客重新內化品牌價值，恢復對品牌的情感依附與行為認同。

心理學中的態度改變理論指出，態度的重塑需結合認知、情感與行為三層次的轉變。因此，企業須設計從心智到情感、再到行為參與的全方位再社會化策略。

品牌信仰再社會化的操作策略

(1) 品牌價值的再敘事：透過品牌故事、公益活動或品牌使命的再強調，讓顧客重新認識品牌的核心價值，並產生情感共鳴。

(2) 重建品牌人格化連結：透過具有人格特質的品牌代言人、KOL或虛擬形象，協助顧客在心理上投射認同，降低對品牌的疏離感。

(3) 情緒性行銷介入：利用視覺、音樂或情境式行銷手法，觸發顧客情感記憶，修復過往負面經驗造成的情緒創傷。

(4)行為參與設計：設計讓顧客主動參與品牌活動，如會員日、品牌節慶、志工行動等，透過行動再連結品牌與自我認同。

(5)社群影響力塑造：培養品牌社群中的意見領袖與忠實顧客，透過正向分享與口碑重建，間接影響對品牌態度已偏離的奧客。

綜合觀點

品牌信仰的再社會化，是企業對抗奧客態度僵化的長期心理工程。當企業能夠設計一套從價值再敘事到行為參與的系統性策略，不僅能修復已受損的品牌信仰，更能讓顧客重新成為品牌的文化參與者與信仰者。對奧客而言，當負面情緒被價值認同與社群歸屬感取代，便不再是品牌的對立者，而是再度投入的品牌夥伴。

第七節　顧客教育與情緒補償

奧客行為的生成與固化，往往源於顧客對品牌認知的錯誤與情緒積壓未被妥善疏導。單純的補償或道歉，雖能短暫平息表面的不滿，卻難以解決深層的認知偏差與情緒需求。因此，品牌若欲將奧客轉化為擁護者，必須透過系統性的顧客教育與精緻的情緒補償機制，實現心理層次的真正修復與態度轉換。

顧客教育的功能與心理基礎

顧客教育不僅是資訊傳遞，更是品牌價值觀、使用知識與服務規範的再社會化過程。教育的核心，在於讓顧客理解品牌的營運邏輯、產品設計背後的用心與局限，進而修正「顧客至上即萬能」的迷思。

心理學中的認知重構理論指出，當個體獲得新的知識或視角後，原有的負面認知有機會被重組，情緒態度亦將隨之改善。對奧客而言，教育提供了「重新理解品牌」的契機，讓其在知識層次上產生態度鬆動的可能。

顧客教育的實踐方式

1. 產品與服務透明化

透過影片、簡報或工作坊，解釋產品製程、服務流程與品質標準，提升顧客的理性認知與品牌信任。

2. 互動式知識平臺

建置線上互動平臺，提供 FAQ、產品知識庫與即時專家諮詢，讓顧客在遇到問題時，先獲得正確的品牌觀點。

3. 品牌價值觀推廣

定期透過社群、電子報等管道，分享品牌理念、社會責任與行業洞察，深化顧客對品牌文化的理解。

情緒補償的心理設計

情緒補償不僅是物質層面的賠償，更是一種心理安撫與尊嚴修復。對奧客而言，他們在投訴或衝突中的最大損失，往往是自尊受挫與情緒挫敗。因此，有效的情緒補償須兼顧以下三點：

- 尊嚴修復性補償：如專屬客服對接、尊榮級服務體驗，讓顧客感受到「你被重視且尊重」。
- 情緒性驚喜：提供額外超預期的關懷或小禮物，觸動顧客的情感回應，重建品牌的正向記憶點。
- 關係修復的持續性互動：在補償後，持續透過關懷簡訊、節日問候或新品試用邀請，鞏固情緒修復的成果。

麗思・卡爾頓酒店的情緒補償機制

知名酒店品牌麗思・卡爾頓酒店（Ritz-Carlton）對顧客的投訴處理，不僅快速解決問題，更重視情緒補償。每位員工都有權限在無需上報的情況下，為顧客提供最高達 2,000 美元的即時補償，用於購買禮品或升級服務。此舉不僅修復顧客的不滿，亦讓員工擁有自主修復關係的情緒智力，提升整體品牌的溫度與信任度。

第七節 顧客教育與情緒補償

綜合觀點

顧客教育與情緒補償的雙重設計,是品牌修復奧客心理創傷與行為偏差的關鍵策略。教育讓顧客理性認知重建,情緒補償則在感性層次填補尊嚴與情感缺口。當兩者並進,企業不僅能減少奧客行為的再發,更能將曾經的挑戰者轉化為理解者與品牌的隱性擁護者,實現從衝突到共生的品牌關係再造。

第八節　案例：Apple 如何將挑剔客戶轉化為品牌鐵粉

Apple 作為全球最具影響力的科技品牌之一，面對挑剔甚至苛刻的顧客投訴與負評，展現了獨到的轉化機制與品牌心理修復力。這些被視為「奧客」的使用者，透過 Apple 精細的服務設計、心理撫慰與品牌教育，最終不僅修正了對品牌的負面觀感，甚至成為最堅實的品牌鐵粉。

Apple 應對挑剔客戶的心理策略

1. 天才吧（Genius Bar）的情緒安撫現場

Apple 的實體門市設置了天才吧，讓顧客在遇到產品問題時，能直接面對專業人員獲得即時且面對面的技術支援與情緒安撫。這種面對面且專業的接觸，降低了顧客的不安與敵意，尤其對於強烈情緒反應的奧客，能有效提供心理性的舒緩。

2. 高度授權的解決彈性

天才吧的員工在特定情況下擁有較高的權限進行產品更換或免費維修，甚至在保固期外亦可彈性處理。這種授權機制讓員工能即時針對使用者的不滿進行補償與修復，讓顧客感受到品牌的誠意與靈活度。

3. 品牌文化的再教育

在售後溝通與產品體驗過程中，Apple 不斷強調設計理念、產品哲學與對細節的極致追求，讓挑剔的客戶逐漸理解品牌背後的價值主張。這種文化再教育，讓顧客從原本的苛責者轉為設計理念的理解者。

4. 專屬活動與社群融入

Apple 透過 Today at Apple 等門市活動與開發者大會（WWDC），邀請使用者深入了解產品應用與開發潛力。這些活動不僅增強了顧客對品牌的參與感，亦將原本挑剔的客戶納入品牌社群，從批評者轉為共創者。

挑剔客戶轉化的心理變化

Apple 在處理挑剔客戶時，透過專業應對與品牌教育，逐步引導顧客經歷以下心理變化：

- 從敵意到理解：專業與誠意的應對降低情緒敵意，顧客開始重新審視品牌的態度與用心。
- 從理解到欣賞：透過品牌文化與設計理念的教育，顧客開始欣賞品牌的獨特價值，而非僅注意短期的產品瑕疵。
- 從欣賞到忠誠：當顧客被納入品牌社群，參與品牌活動並與其他使用者產生情感連結，便逐漸形成對品牌的情感依附與忠誠。

成功轉化的品牌效應

透過這套心理與服務機制，Apple 不僅解決了挑剔客戶的即時不滿，更透過長期的品牌再教育與社群融入，讓這些原本的奧客轉化為品牌口碑的強力傳播者。Apple 使用者中不乏曾經在產品或服務上有過激烈批評的顧客，但最終因品牌應對的專業與溫度，反而成為最具說服力的品牌鐵粉，形成品牌防禦與宣傳的雙重力量。

第十一章 讓投訴變成掌聲:品牌心理修復與顧客轉化

> **綜合觀點**
>
> Apple 的成功經驗顯示,奧客並非品牌的永久敵人,只要企業具備足夠的心理理解、應對機制與文化教育策略,任何挑剔的顧客都有機會被轉化為深度擁護者。這不僅是服務補償的勝利,更是品牌心理戰的致勝關鍵,為所有企業提供了面對奧客時的典範。

第十二章
顧客心理的企業文化轉型學：
從應付到共創

第十二章　顧客心理的企業文化轉型學：從應付到共創

第一節　顧客關係管理的心理根基

顧客關係管理（Customer Relationship Management, CRM）不僅是資料整合與行銷推播的工具，更是應對奧客行為、防範情緒失控的重要心理策略。當 CRM 僅聚焦交易資料與行為紀錄，往往難以預測或控制奧客的情緒爆發。唯有將顧客心理動機納入管理核心，才能在組織文化中形成有效的預警系統與心理緩衝機制，從而將應付奧客的消極策略，轉型為共創顧客價值的積極文化。

奧客行為中的心理需求動機

心理學家麥克利蘭（David McClelland）在需求動機理論中提出，人類行為常受到三大基本需求的驅動，這同樣可以用來解釋奧客行為的心理動力：

1. 成就需求

部分奧客之所以對服務標準吹毛求疵，或要求高規格的處理方式，實則是在透過「挑戰企業」的過程，尋求優越感與自我能力的確認，藉此強化其在社交或心理上的成就感。

2. 權力需求

許多奧客在投訴、投書乃至公開批評的過程中，展現出強烈的話語權與控制欲，試圖影響企業的決策與服務回應。這種對權力的需求，滿足了其心理上的控制感與支配感。

3. 歸屬需求

即便是態度激烈的奧客，其背後往往仍蘊含著「被重視」與「被理

解」的渴望。企業若能妥善回應與修復關係，不僅有助於緩解衝突，還有可能將這類顧客轉化為品牌社群的忠實成員，形成深層次的顧客連結。

CRM 中的心理防禦設計

要從 CRM 中建立針對奧客的心理防禦，企業需實施以下設計：

- 情緒指標標記：在顧客資料中標注過往投訴次數、情緒強度與投訴類型，形成動態心理風險評估。
- 互動行為模式分析：結合行為資料與心理學模型，預測哪些顧客容易因小瑕疵引爆情緒，提前部署情緒緩解策略。
- 差異化服務應對：對高風險奧客設計專屬應對 SOP，如派遣高 EQ 的客服人員，搭配更細緻的回應機制。

文化轉型：從應付到共創

奧客的產生與企業文化的冷漠與僵化密切相關。若員工僅以「應付、快解決」的心態對待顧客，無法從心理層面理解其需求，將導致情緒對撞與關係惡化。因此，CRM 文化轉型的關鍵在於：

- 全員情緒素養訓練：培養全員對顧客情緒的敏感度，建立情緒辨識與適切回應的能力。
- 心理安全的員工支持系統：前線人員需有企業作為心理後盾，讓他們在面對奧客壓力時，能得到即時支持與調節資源。
- 數據與心理並重的決策文化：CRM 不再只是冰冷的數據，而是心理洞察的決策基礎，幫助企業調節顧客關係的溫度與深度。

第十二章　顧客心理的企業文化轉型學：從應付到共創

> **綜合觀點**
>
> 顧客關係管理若能融合心理學視角,將不再只是面對奧客的被動應對,而是前瞻性地辨識風險、設計情緒防線,並在企業文化中根植「理解顧客心理」的共創價值觀。當 CRM 成為企業與顧客之間的情緒橋梁,奧客也能被逐步轉化為品牌成長的合作夥伴,開啟從應付到共創的全新顧客關係管理時代。

第二節　預期管理與企業文化的互動

奧客行為的根源之一，來自於顧客對品牌的預期與實際體驗之間的落差。當企業未能妥善管理顧客預期，不僅容易激化情緒反應，還會在組織內部形成應付式的服務文化。反之，當預期管理被內化為企業文化的一環，企業便能有效調節顧客心理，降低奧客行為的發生率，並為組織帶來更積極的服務態度與文化氛圍。

預期管理的心理機制

心理學中的期望違背理論指出，當顧客的期待被打破，尤其是朝向負面方向偏離時，所引發的情緒反應往往比事前的低預期狀態更為劇烈。對奧客而言，他們的高預期多半建立於品牌形象、廣告承諾或社群口碑的塑造，一旦實際服務或產品表現未達到這些心理預期，便會激起強烈的心理失落與憤怒感。這種「期望落差」不僅解釋了奧客行為的情緒張力，也提醒企業應謹慎管理品牌承諾與服務交付間的落差。

企業文化與預期管理的交互作用

企業文化若未對員工傳遞「預期即心理契約」的概念，員工便無法意識到預期管理的重要性，只會將奧客視為情緒性問題，而非預期落差的回饋。因此，文化中的預期管理意識應從以下幾方面建立：

- 品牌溝通的真誠與透明：從行銷到客服，企業須一以貫之地呈現品牌能力的實況，避免過度包裝導致期望膨脹。
- 前線人員的預期引導訓練：讓服務人員學會在顧客互動中，適度調整顧客的期待值，透過專業說明或風險提示，降低誤解與錯判。

第十二章　顧客心理的企業文化轉型學：從應付到共創

- 跨部門的預期合作機制：行銷、客服與產品開發需形成合作機制，確保對外承諾與內部交付能力一致，避免因部門間資訊落差造成對顧客的承諾失焦。

預期管理在文化中的實踐策略

1. 服務腳本的心理設計

設計服務話術與腳本時，融入「預期引導」的元素，如告知處理時間、解決流程或可能的服務限制。

2. 透明的顧客教育

在官網、產品說明與購買流程中，主動揭露產品限制或使用注意事項，避免顧客抱持不切實際的幻想。

3. 績效指標的文化校準

員工績效不僅看解決率或銷售額，更納入「預期調節成功率」或「顧客期望準確率」作為文化落地的衡量。

Zappos 的預期管理文化

美國電商 Zappos 以服務聞名，他們的預期管理文化建立在「過度交付」的理念。例如：原本告知顧客商品將於五天後送達，但實際上三天內即送達，這種正向的預期違背，讓顧客感受超預期的滿意。Zappos 同時訓練客服在接聽每通電話時，適時調整顧客對產品與物流的期待，降低服務落差感。

綜合觀點

預期管理不是單一部門的責任,而是企業文化中的一種全員意識。當企業將預期管理融入品牌傳播、產品設計與前線服務,便能有效緩衝奧客情緒的爆發,並將潛在的衝突轉化為理解與包容。從文化層面看,預期管理不僅是顧客心理的調節,更是企業自我誠信與服務一致性的展現,最終促成品牌與顧客之間穩固且長久的心理契約。

第三節　服務設計中的心理預防機制

在面對奧客行為與顧客情緒失衡的挑戰時，服務設計不應僅著眼於流程優化或資源配置，更應融入心理預防機制，從源頭避免顧客不滿與衝突的發生。心理預防機制強調在服務流程設計中，預設顧客的情緒反應與潛在需求，透過結構性設計主動調節顧客心理，減少不安、誤解與情緒激化的可能。

心理預防的設計原則

1. 預期設定原則

在服務初始階段，清晰告知顧客服務流程、時間與可能的限制，避免顧客在資訊不對稱下自行放大期待，降低認知失調風險。

2. 情緒緩衝設計

在服務過程中設置情緒緩衝點，如中途的進度回報、善意提醒或情緒緩和話術，讓顧客情緒不致因等待或延誤而過度積壓。

3. 回饋即時化原則

設計即時回饋機制，讓顧客能隨時提出疑慮或意見，並在最短時間內獲得回應，避免小問題發酵為大不滿。

4. 自主感賦能

在服務流程中給予顧客一定的選擇權與決策參與，如進度查詢、自主排程或問題處理選項，提升顧客的控制感與安全感。

5. 正向暗示與心理引導

設計心理引導話術與正向提示，如「您目前的進度比預期順利」，透過語言塑造顧客對服務的良好預期與安全感。

心理預防機制在服務設計的應用

1. 多通道互動設計

提供線上、線下、社群等多元互動管道，滿足不同性格與需求的顧客心理偏好，減少因溝通不便而產生的挫折感。

2. 視覺化流程呈現

透過圖示、影片或互動頁面讓顧客一目了然，了解服務進展與所需時間，降低對未知的不安與焦慮。

3. 服務環境的情緒氛圍設計

在實體服務空間中透過色彩、光線、音樂等設計，營造舒適與放鬆的氛圍，有效緩解顧客等待或服務不順的情緒壓力。

4. 客服人員的心理素養訓練

前線服務人員需具備心理學基礎，能辨識顧客情緒並適時調節，透過語言、態度與情境設計預防衝突升溫。

5. 情緒數據監測與預警系統

透過 AI 與資料分析，實時監測顧客互動中的情緒指標，如語氣分析、文字情緒辨識，及早預警潛在的情緒風暴。

臺灣高鐵的心理預防設計

臺灣高鐵在高乘載期間，面對大量顧客可能因延誤或服務負荷產生不滿，特別設計了「安心乘車」方案，透過即時訊息推播、站務人員主動安撫、清楚的班次與座位安排視覺化提示，大幅降低顧客在等待或排隊過程中的不安與抱怨。同時，高鐵也在客服訓練中強化情緒應對技巧，讓員工在面對情緒激動的顧客時，能以同理心與心理安撫優先，減少直接衝突。

此外，高鐵針對特定節慶與高峰期，設計預先通知與預警機制，讓顧客在出門前即掌握人流預測與可能的延遲風險，讓顧客心理上有充足準備，降低突發不滿的機率。

服務設計的跨部門合作

心理預防機制的落實，需跨部門合作，如：

- 行銷部門：在宣傳時清楚揭露服務限制與風險，避免過度包裝誤導顧客期待。
- 產品設計部門：在設計產品或服務流程時，導入心理學顧問或使用者經驗專家，共同優化流程的情緒節點。
- 客服部門：配置高 EQ 的人才，並透過情境模擬訓練員工的情緒應變能力。
- 資料分析部門：持續追蹤顧客情緒資料與行為模式，為服務設計提供心理風險地圖。

第三節　服務設計中的心理預防機制

綜合觀點

服務設計若缺乏心理預防機制，將使得流程再優化也難以消除顧客的不滿與奧客行為。企業應從心理學的角度，將顧客情緒管理內嵌於服務每一個接觸點，透過預期設定、情緒緩衝、即時回饋與自主賦能，建構起一道柔性但堅實的心理防線。最終，心理預防不僅降低了顧客衝突，也提升了整體顧客體驗與品牌韌性，讓企業從源頭掌握顧客心理，減少應付，更走向共創。

第四節　組織心理安全與前線人員賦權

在奧客行為層出不窮的服務現場，若企業缺乏組織心理安全的基礎，前線人員往往只能被動承受顧客的情緒壓力，甚至在壓力長期累積下出現服務倦怠或情緒崩潰。心理安全感與賦權兩者的結合，不僅能守護員工的情緒健康，更是提升服務品質、穩定顧客關係與有效應對奧客的關鍵策略。

組織心理安全的本質與作用

心理學家艾美・艾德蒙森（Amy Edmondson）提出的組織心理安全，指的是一種職場氛圍，讓員工能安心表達意見、提出建議，甚至揭露錯誤，而不必擔心因此遭受指責或懲罰。對前線服務人員而言，心理安全的環境代表：

- 可以無畏向主管反映奧客或難纏顧客的狀況，而無需隱瞞或擔心被誤會能力不足。
- 在面對顧客的情緒性攻擊時，明白組織會提供後援或必要的保護，不會讓員工孤軍奮戰。
- 能夠安心提出流程優化或應對策略的改進建議，而不被視為推諉責任或批評企業。

這樣的心理安全感，是維持前線員工心理韌性與服務品質的關鍵基礎。

當組織營造出心理安全的環境，員工不僅情緒壓力降低，處理奧客的彈性與創造力也隨之提升，從而形成正向的服務循環。

前線人員賦權的策略與心理影響

賦權意味著組織將適當的決策權下放給第一線員工，使其在面對顧客衝突時能夠即時做出反應與決策，無需層層上報。賦權對心理的影響包括：

- 提升員工的控制感與自信心，降低面對奧客時的無力感；
- 促使員工主動設法解決問題，而非被動等待指令；
- 讓員工感受到組織的信任與支持，激發工作投入感。

賦權的實務操作

1. 設計權限框架

明確界定前線人員在補償、折扣或調整服務上的決策空間，並提供清晰的行動準則與案例指引。

2. 情境模擬訓練

透過定期的情境演練，讓員工在面對不同類型奧客時，熟練各種應對策略與情緒調節技巧。

3. 建立即時支援系統

賦權不等於放任，企業應建立後援機制，如心理諮商、主管即時協助與法律諮詢通道，讓員工即便自主決策，也知曉自己並不孤立無援。

4. 成就回饋機制

當員工成功應對高壓顧客或奧客事件，組織應透過表揚、獎勵或公開分享經驗，強化正向示範效應。

第十二章　顧客心理的企業文化轉型學：從應付到共創

> **綜合觀點**
>
> 組織心理安全與前線人員賦權的結合，是企業打造反脆弱服務文化的核心。當員工擁有被保護的安全感與被信任的賦權權限，不僅能有效降低奧客行為對員工心理的侵蝕，更能激發前線人員的解決力與品牌認同感。最終，這不僅是服務品質的提升，更是企業文化從應付到共創的深層轉型。

第五節　領導力與員工心理素養的關係

在服務型企業應對奧客行為的組織文化轉型中，領導力與員工心理素養的關係是一條關鍵的心理連結。當領導者具備正向的領導風格與情緒智力，便能在組織內形成一種心理穩定的氛圍，使員工在高壓、情緒對撞的顧客互動場域中，保持情緒韌性與專業判斷力，最終轉化為更高效的服務力與品牌忠誠度。

領導風格與員工心理素養的影響模型

心理學家丹尼爾・高曼（Daniel Goleman）提出的情緒智力領導理論，指出領導者的情緒管理能力與同理心，對員工的情緒穩定與心理安全感具有直接影響。研究顯示，當領導風格結合以下特質時，能顯著提升員工面對壓力與困難顧客時的心理素養與應對力：

1. 轉型型領導

來自管理學者伯納德・莫里斯・巴斯（Bernard Morris Bass）等人的理論，強調領導者透過激勵與願景引導，協助員工超越自我利益，追求組織使命與價值。此種領導風格能賦予員工使命感與價值認同，在面對奧客時更具心理韌性與責任感。

2. 情緒智力領導

高曼的核心理論，強調領導者需具備自我情緒管理、辨識員工情緒、同理心及調節團隊氛圍的能力。這種領導者能即時察覺員工的情緒壓力與困境，並提供適時的情緒支持與資源協助。

3. 僕人式領導

由羅伯特‧格林利夫（Robert Greenleaf）提出，主張領導者的首要任務是服務與支持團隊成員。透過建立以支持、尊重與培育為核心的職場氛圍，僕人式領導使員工在面對高壓或挑戰性顧客時，仍能感受到組織的庇護與心理安全。

心理素養的企業培養策略

為了讓員工具備應對奧客行為的心理素養，領導者應推動以下培養策略：

- 情緒管理訓練：系統性教授員工壓力管理、情緒調節與正念練習，幫助員工在高壓情境下維持心理平衡。
- 心理資源支持：提供諮商、情緒輔導與心理健康日等資源，讓員工在心理負荷過重時有舒緩與修復的空間。
- 回饋與成就感激勵：領導者應即時肯定員工在面對奧客時的專業表現，透過正向回饋強化心理韌性。
- 建立心理素養評估機制：定期評估員工的心理韌性與情緒管理能力，並根據評估結果調整培訓與支持策略。

星巴克的領導力文化

星巴克強調「領導即教練」的企業文化，要求各級領導者不僅是績效管理者，更是員工情緒與心理素養的塑造者。透過定期的領導力培訓，星巴克培養出能在服務現場及時調節團隊情緒的領導者，有效降低因奧客行為造成的團隊壓力與情緒傳染效應，提升了整體顧客滿意度與員工留任率。

綜合觀點

領導力與員工心理素養之間的正向循環,是服務企業文化韌性的基礎。當領導者以高情緒智力與正向領導風格帶領團隊,不僅塑造出心理安全的組織氛圍,更讓員工在面對奧客行為時,能以穩健的心理素養與專業態度應對。這種由領導者驅動的心理素養強化,最終將轉化為顧客關係的穩定、品牌信譽的提升,並為企業文化的共創奠定堅實基礎。

第六節　心理學在顧客體驗設計的應用

在奧客現象日益頻繁的服務環境中，企業若僅以流程優化或危機應對處理顧客問題，往往治標不治本。心理學的應用，正是顧客體驗設計中防範與轉化奧客行為的關鍵。透過對人類心理機制的深入理解，企業能從顧客的潛在需求、情緒波動與行為預期出發，預先設計心理防衛與情緒緩衝的服務觸點，讓顧客體驗從一開始就降低衝突風險，並提升情感黏著度。

心理學在顧客體驗設計中的四大應用面向

1. 認知心理學

透過對顧客決策、認知偏誤與資訊處理的理解，設計更清晰、易於理解的資訊傳遞與服務指引，減少因資訊不對稱產生的誤解與不滿。

2. 情緒心理學

利用情緒調節與情緒感染理論，規劃服務過程中的情緒接觸點，設計正向情緒的觸發，如歡迎儀式、情緒性話術、正向回饋機制，提升顧客的情緒體驗。

3. 行為心理學

結合行為誘導與習慣養成理論，設計鼓勵顧客正向行為的介面與互動，如設置獎勵、勳章或社群激勵，強化顧客與品牌的互動黏著。

4. 社會心理學

透過同儕影響、社會認同與從眾效應，打造品牌社群與顧客之間的互助氛圍，降低孤立投訴的風險，將奧客行為透過社群正向規範稀釋與轉化。

心理學驅動的顧客體驗設計策略

1. 情境模擬體驗

在顧客進入服務前,透過虛擬體驗或場域說明,幫助顧客預期可能的等待、互動模式與可能限制,降低期待落差。

2. 情緒記錄與預警系統

在顧客互動過程中,透過科技工具如 AI 語音辨識或情緒標記,記錄顧客情緒波動,提早介入潛在不滿的顧客。

3. 正向補償設計

在服務過程設計容錯機制,一旦出現服務瑕疵,立即啟動補償流程,並附帶情緒性語言的溝通與關懷,讓顧客感受到尊重與重視。

4. 心理暗示與引導

在顧客等待或不確定時,以正向心理暗示減緩焦慮,如顯示「前方還有三位,請耐心等候,我們正加速為您處理」。

迪士尼的顧客體驗心理設計

迪士尼樂園的顧客體驗設計充分應用了心理學。例如:透過遊行與角色互動轉移顧客注意力,減緩排隊等待的焦慮;在排隊動線設計上,採用「視線遮蔽與轉折」,讓排隊距離感受縮短。此外,員工訓練中強化同理心對話與正向心理話術,確保顧客即便在擁擠或等待時,也能感受到品牌的溫度。

第十二章 顧客心理的企業文化轉型學：從應付到共創

> **綜合觀點**
>
> 心理學的導入，不僅讓顧客體驗設計更貼近人性本質，也讓企業在面對奧客行為時，能從源頭進行預防與緩解。當顧客體驗的每一個觸點，都經過心理設計的精細鋪排，企業便能在服務中建立心理優勢，降低衝突發生的機率，並在顧客心中塑造出「這是一個懂我、體貼我」的品牌形象。最終，顧客體驗的心理優化不僅是商業策略，更是企業文化成熟與顧客關係長久穩定的關鍵。」

第七節　企業文化的心理韌性建構

在奧客行為日益普遍的服務場域，企業若僅憑標準作業流程或短期員工培訓來應對，終將因心理壓力堆疊而產生組織疲態與服務品質滑落。唯有透過企業文化的心理韌性建構，從文化深層建立面對情緒挑戰與壓力事件的心理彈性，才能長期穩定地轉化奧客行為為品牌進化的動力。

心理韌性的文化意涵

心理韌性在組織文化中的意涵，指的是企業與員工在面對高壓情境、情緒衝突或負面回饋時，能夠迅速復原、調整心態並轉化壓力為成長契機的文化體質。這種韌性不僅展現在個別員工，更須成為組織文化中的集體心理抗壓力。

建構心理韌性文化的四大基石

1. 情緒開放文化

打造一個鼓勵情緒表達與分享的環境，讓員工可以安全地吐露工作中的情緒困境與壓力源，避免情緒壓抑轉為倦怠或離職。

2. 錯誤學習文化

奧客行為的出現，往往揭示服務流程或溝通的漏洞。企業應建立錯誤即學習的文化，鼓勵員工將奧客經驗轉化為組織知識，避免相同錯誤反覆發生。

3. 支持型領導文化

領導者不僅是績效管理者，更是心理安全的守護者。當領導者展現支持與同理心，員工便能在面對奧客時，更有勇氣與智慧應對，而不致情緒潰堤。

4. 持續學習與心理成長機制

定期開設情緒管理、正念冥想、心理素養訓練等課程，讓員工心理素養隨著組織發展不斷進化，形成動態的心理免疫力。

心理韌性文化的實踐工具

1. 情緒檢核機制

定期進行情緒溫度檢測，透過問卷、訪談或心理健康日，掌握團隊情緒脈動，及早介入潛在心理風險。

2. 心理資源平臺

建立心理諮商、壓力管理資源平臺，讓員工在情緒高壓時，能隨時尋求專業協助與情緒支持。

3. 奧客應對案例庫

設置組織內的奧客應對案例分享平臺，讓員工彼此交流處理經驗與策略，形成集體智慧與信心。

4. 心理韌性領導力培訓

針對中高階主管，設計心理韌性與情緒領導力的培訓，確保領導層具備帶領團隊走出情緒低谷的能力。

Google 的心理安全與韌性建構

Google 在其 Project Aristotle 研究中發現，心理安全感是高效團隊的關鍵。基於此，Google 不僅強調開放討論與情緒包容，還設計了 gPause 正念冥想課程，幫助員工在壓力中重建心理平衡。此外，透過經驗分享社群，員工得以彼此支持，共同面對顧客壓力與工作挑戰，形成組織層級的心理韌性。

> **綜合觀點**
>
> 企業文化的心理韌性建構，是對抗奧客行為、提升服務品質與保護員工心理健康的多贏策略。當企業能將心理韌性內化為文化基因，奧客不再是威脅，而是檢視品牌服務細節的助力。最終，心理韌性的企業文化不僅能防禦，更能在市場波動與顧客期待變化中，持續穩定地成長與進化。

第八節　案例：Netflix 用數據與心理優化企業文化

Netflix 作為全球串流影音平臺的領導者，不僅以數據驅動產品與內容開發，其企業文化的心理韌性與顧客體驗優化，更展現了心理學與資料分析的深度融合。面對奧客行為與使用者負評，Netflix 透過數據預測、使用者行為洞察與組織心理建設，不僅將衝突降至最低，更逐步轉化為提升客戶黏著與品牌信任的契機。

數據與心理並重的使用者經驗優化

Netflix 對於使用者行為的追蹤，遠不僅止於觀看次數或喜好記錄，更細緻追蹤使用者在操作介面上的停留、跳出、搜尋失敗等微情緒數據。透過這些行為數據，Netflix 得以預判客戶可能的挫折感與不滿源頭，及早優化介面設計、推薦邏輯，降低因體驗不順產生的潛在負評與投訴。

客戶關係管理中的心理應對

Netflix 客服團隊受到專業心理素養與情緒智力的雙重訓練，讓第一線人員在面對情緒性投訴時，能以同理心與心理緩解技巧即時介入。舉例來說，當使用者因訂閱異常或扣款問題投訴，客服不僅解決事務性問題，還會主動釋出使用建議、推薦適合的觀看清單，透過情緒轉移與正向刺激，淡化顧客的不滿情緒。

第八節　案例：Netflix 用數據與心理優化企業文化

組織文化的心理韌性工程

Netflix 企業文化中著名的「自由與責任」原則，強調員工在高度授權的環境下，必須同步提升自律與情緒穩定力。為了培養員工面對壓力與客戶挑戰的心理韌性，Netflix 設有定期心理素養與領導力培訓課程，並鼓勵團隊間公開透明的回饋與對話，形成高度信任與包容的文化氛圍。

資料驅動的奧客行為預警

透過 AI 與機器學習，Netflix 建立客戶情緒與行為模式的預警模型，當系統偵測某些使用者出現觀看時間異常縮短、重複取消訂閱、過度頻繁的客服聯絡等行為，即會自動標記為「潛在情緒風險客戶」。此時，客服或行銷團隊會主動介入，如發送使用指引、限時優惠或專屬推薦，以緩解其不滿並重建品牌好感。

Netflix 的組織心理安全實踐

Netflix 重視心理安全的建構，鼓勵員工在團隊內自由表達見解與疑慮，甚至對決策提出挑戰而不必擔憂職涯風險。這樣的文化設計，讓員工在面對內部壓力或對外顧客情緒時，更能展現情緒韌性與創新解決力。

> **綜合觀點**
>
> Netflix 以數據結合心理的企業文化設計，不僅在產品優化上精準貼近使用者心理，更在組織內部培養出面對壓力與奧客行為的堅強心理素養。這種數據與心理並重的策略，讓 Netflix 在高壓競爭的串流市場中，持續維持高用戶黏著與品牌信任，成為心理學與數位科技結合的最佳範例。

第十二章　顧客心理的企業文化轉型學：從應付到共創

附錄

顧客情緒傾向量表

項目編號	測量項目	評分範圍（1＝非常不同意，5＝非常同意）
1	我對等待時間特別敏感，無法忍受超過預期的等待。	1 2 3 4 5
2	若服務人員的態度不好，我會立刻表達不滿。	1 2 3 4 5
3	當我遇到不合理的服務時，我很容易感到憤怒。	1 2 3 4 5
4	我傾向於將不愉快的消費經驗分享在社群平臺上。	1 2 3 4 5
5	當服務流程不透明時，我會感到被欺騙並變得不信任品牌。	1 2 3 4 5
6	我喜歡在消費時掌控全局，對流程的不確定性感到不安。	1 2 3 4 5
7	我認為顧客有權利對任何不滿進行強烈的表達。	1 2 3 4 5
8	一旦產品或服務與描述不符，我會強烈要求補償。	1 2 3 4 5

解釋與應用

總分範圍：8～40 分

分數區間：

■ 8～16 分：低情緒敏感度，穩定型顧客

- 17～24 分：中等情緒敏感度，需注意潛在情緒反應
- 25～40 分：高情緒敏感度，高風險顧客，建議重點注意與特別管理

透過 CETS 的應用，企業可在顧客入會或購後回饋中進行心理傾向評估，結合客群分類，提前辨識高風險族群，設計適當的溝通與服務策略，降低奧客行為的觸發率。

客群分類指標表格

風險等級	購買頻率	客訴紀錄	負評次數	服務互動態度	退貨率	對品牌忠誠度	分類說明
低風險	高	無或極少	無	穩定、理性	極低	高	穩定忠誠顧客，品牌資產核心
中風險	中	偶爾	偶爾	情緒化傾向，偶有不滿	中等	中等	需教育與觀察，避免轉化高風險
高風險	低	多次	頻繁	攻擊性、挑釁	高	低	須特別管理與風險控管

客群分類應用建議

- 低風險：持續忠誠計畫與回饋機制，強化品牌情感連結。
- 中風險：導入顧客教育、行為引導與預期管理，降低情緒波動與不滿累積。
- 高風險：配置專責客服，標記 CRM 預警，設定互動限制或特殊處理機制。

此分類指標可與心理量表（如顧客情緒傾向量表 CETS）結合，建立多層次風險評估與預防系統，達到品牌防禦的主動管理目標。

企業或服務人員用：奧客辨識與評估表格

項目編號	評估維度	評估指標	評分範圍（1＝無此行為，5＝極度明顯）
1	客訴頻率	顧客在過去6個月內客訴次數是否高於一般顧客。	1 2 3 4 5
2	言語或情緒攻擊	是否有言語辱罵、人格羞辱或情緒勒索服務人員的行為。	1 2 3 4 5
3	不合理要求	是否頻繁要求無法依企業政策提供的補償、特殊待遇。	1 2 3 4 5
4	負評或公眾施壓	是否多次透過社群、評論區或媒體公開施壓或放話。	1 2 3 4 5
5	退貨／退款異常	是否存在高於平均的退貨或退款次數，或以此為習慣性維權手段。	1 2 3 4 5
6	服務流程干擾	是否干擾正常服務流程，如反覆無理指示、阻撓其他顧客服務。	1 2 3 4 5
7	權力壓迫感	是否動輒以高層、認識重要人物或提法律威脅施壓。	1 2 3 4 5
8	情緒穩定性	顧客面對輕微服務瑕疵時，是否情緒失控或無法理性對話。	1 2 3 4 5
9	員工心理壓力感知	服務人員主觀認為該顧客互動後感到壓力、焦慮或害怕。	1 2 3 4 5
10	過往紀錄	CRM或服務紀錄中有無累積負面行為或特殊處理標記。	1 2 3 4 5

總分與風險判定

■ 10～20分：低風險→正常顧客互動，無需特別標記。

■ 21～35分：中風險→顧客行為需留意，適度提醒與記錄，建議資深人員應對。

- 36～50分：高風險→明顯奧客行為，應進入專責管理機制或必要時啟動品牌保護措施。

應用方式

- 由一線服務人員或客服主管於重大客訴或異常互動後填寫；
- 配合 CRM 標記系統，形成顧客行為風險檔案；
- 作為員工心理安全評估的佐證，協助判斷是否介入法律或企業保護機制。

此表格協助企業系統性、客觀性地辨識潛在奧客，並透過量化評估為後續處理與資源分配提供決策依據。

品牌信任測量模型

測量維度	說明	量表樣本題項	評分範圍（1＝非常不同意，5＝非常同意）
誠信（Integrity）	顧客對品牌是否具備誠實、遵守承諾的信念	該品牌總是履行承諾，不會讓我失望。	1 2 3 4 5
能力（Competence）	顧客對品牌解決問題與專業能力的信賴	該品牌具備解決我消費問題的能力。	1 2 3 4 5
一致性（Consistency）	品牌是否在產品、服務上保持穩定性與一致性	該品牌在不同時間與地點的表現一貫良好。	1 2 3 4 5

測量維度	說明	量表樣本題項	評分範圍（1＝非常不同意，5＝非常同意）
關懷（Benevolence）	品牌是否關心顧客利益，非僅為營利	我認為該品牌在意我的需求與利益。	1 2 3 4 5
透明性（Transparency）	品牌資訊、政策是否清楚公開	該品牌對產品或服務資訊提供清晰透明的說明。	1 2 3 4 5
顧客參與感（Customer Engagement）	顧客是否能參與品牌改善與互動	該品牌重視並回應顧客的回饋。	1 2 3 4 5
情感連結（Emotional Connection）	顧客是否對品牌有情感歸屬與好感	我對該品牌有親切感，消費時感到愉快。	1 2 3 4 5

　　品牌信任是顧客忠誠、降低奧客行為、增強顧客行為穩定性的核心心理資產。以下模型整合學術研究與企業應用，協助品牌透過量化方式評估顧客對品牌的信任程度。

信任指數計算

　　總分範圍：7～35 分

- 7～14 分：低信任→顧客對品牌疑慮高，忠誠度低，易產生奧客行為。
- 15～24 分：中等信任→顧客信任尚可，若遇服務瑕疵易波動。
- 25～35 分：高信任→顧客信賴品牌，情緒穩定，不易因小事反彈。

應用方式

- 每季或每次重要顧客互動後進行量表評估,追蹤信任變化;
- 可結合顧客情緒傾向量表、行為風險評估,形成品牌信任預警系統;
- 企業可針對低信任群體啟動信任修復機制,如提供專屬客服、透明解釋政策等。

透過品牌信任測量模型,企業可將原本抽象的品牌信任具體量化,進而制訂更精準的品牌維護與顧客關係管理策略。

奧客行為的心理分類表格

行為類型	心理成因	說明與心理機制	行為特徵示例
爆發型奧客	情緒控制差、衝動性人格	無法壓抑情緒,遇到不滿即暴怒,情緒爆發迅速且強烈。	大聲咆哮、摔東西、辱罵服務人員。
操控型奧客	權力欲望、操控傾向	透過話術或情緒勒索操控服務人員達成私利,善於心理操弄。	假裝理解、實則步步進逼、情緒勒索。
冷暴力型奧客	被動攻擊、情緒疏離	以冷處理、不理會、無視服務者施壓,讓對方陷入心理壓迫。	不回應、冷眼旁觀、陰陽怪氣。
被害妄想型奧客	認知扭曲、偏執人格	過度解讀品牌或服務對其不公,處處設想被害情節。	懷疑企業欺騙、質疑服務動機。
假專業型奧客	優越感、自戀型人格	假藉專業名詞與知識包裝壓迫服務人員,彰顯自己專業優勢。	假裝專業、指點員工工作、不容反駁。

行為類型	心理成因	說明與心理機制	行為特徵示例
知識型奧客	優越感、知識優勢感	以真實專業背景為基礎，挑剔與質疑服務人員，展現智識地位。	挑剔產品細節、引用專業理論批評。
權威操控型奧客	權威崇拜、權力距離意識	透過自稱與高層或權威人物的關係操控與威脅服務人員。	動輒提及認識高層、要求特殊待遇。
虛榮展示型奧客	社會地位焦慮、虛榮心	透過拍照、打卡、炫耀消費來顯示社會地位，對待遇異常敏感。	拍照炫耀、強調 VIP 身分、過度在意排場。
多重人格型奧客	情緒不穩、人格混亂	對同一事件反應反覆無常，忽冷忽熱，讓服務者無所適從。	前一刻和氣，下一刻暴怒，情緒無法預測。

應用建議

- 每一類型對應的心理成因與行為特徵可做為客服教育訓練的重要指標；
- 企業應設計針對不同類型奧客的溝通話術與應對 SOP，並配置心理輔導或壓力支援機制予第一線人員；
- 特殊類型如操控型、權威操控型，需提升服務人員的反操控對話技巧；
- 多重人格型與爆發型，應透過專責客服或資深人員應對，並保留互動紀錄作為風險控管依據。

與奧客過招！破解難纏顧客的心理與應對術：

企業與員工都該懂的顧客行為心理學

作　　　者：溫亞凡
發 行 人：黃振庭
出　版　者：山頂視角文化事業有限公司
發　行　者：山頂視角文化事業有限公司
E - m a i l：sonbookservice@gmail.com
粉　絲　頁：https://www.facebook.com/sonbookss/
網　　　址：https://sonbook.net/
地　　　址：台北市中正區重慶南路一段 61 號 8 樓
8F., No.61, Sec. 1, Chongqing S. Rd., Zhongzheng Dist., Taipei City 100, Taiwan

電　　　話：(02)2370-3310
傳　　　真：(02)2388-1990
印　　　刷：京峯數位服務有限公司
律師顧問：廣華律師事務所 張珮琦律師

-版 權 聲 明

本書作者使用 AI 協作，若有其他相關權利及授權需求請與本公司聯繫。
未經書面許可，不得複製、發行。

定　　　價：450 元
發行日期：2025 年 08 月第一版
◎本書以 POD 印製

國家圖書館出版品預行編目資料

與奧客過招！破解難纏顧客的心理與應對術 / 溫亞凡 著 . -- 第一版 . -- 臺北市：山頂視角文化事業有限公司 , 2025.08
面；　公分
POD 版
ISBN 978-626-7709-44-3(平裝)
1.CST: 消費者行為　2.CST: 消費心理學　3.CST: 顧客關係管理
496.34　　　　　　114011543

電子書購買

爽讀 APP

臉書